航空科普在中国

李正伟 钟 琦 编著

科学出版社

北京

内 容 简 介

《航空科普在中国》一书通过梳理中华人民共和国成立以来航空领域在科学普及方面的史料，尽可能完整地展现 70 多年来我国在航空科普方面做出的成绩，以及其中的特点、规律。本书深度总结我国科普工作的历史经验和教训，探索科普工作的规律，探寻当前提升公民科学素质的有效途径，其出版对推进我国科普史和科普理论研究具有一定的理论意义，也有利于进一步加强航空科普建设，助力创新型国家建设和世界科技强国建设，同时也是记录我国航空科普的史料书籍。

图书在版编目（CIP）数据

航空科普在中国 / 李正伟，钟琦编著 . —北京：科学出版社，2025.1
ISBN 978-7-03-077059-2

Ⅰ.①航…　Ⅱ.①李…　②钟…　Ⅲ.①航空－科普工作－中国
Ⅳ.① V

中国国家版本馆 CIP 数据核字（2023）第 224220 号

责任编辑：王亚萍 / 责任校对：刘芳
责任印制：师艳茹 / 封面设计：楠竹文化

科 学 出 版 社 出版
北京东黄城根北街 16 号
邮政编码：100717
http://www.sciencep.com
北京中石油彩色印刷有限责任公司印刷
科学出版社发行　各地新华书店经销
*
2025 年 1 月第　一　版　开本：720×1000　1/16
2025 年 1 月第一次印刷　印张：11 1/4
字数：180 000
定价：78.00元
（如有印装质量问题，我社负责调换）

前　言

为了记录航空科普工作发展脉络与趋势，展示中国航空科普工作成就、工作特色，全面反映和总结新中国成立以来航空科普工作的经验与教训，提供优秀的案例分析，中国科普研究所设立相关课题[①]，对我国航空科普史展开相关研究。这项研究一方面对推进我国科普史和科普研究具有理论意义，另一方面也有利于进一步加强航空科普建设，促进公民科学素质提升，助力创新型国家建设和世界科技强国建设。现将课题研究成果撰写成书，拟展现新中国航空科普的发展脉络，深度总结我国科普工作的历史经验和教训，探索科普工作的规律，探寻当前提升我国公民科学素质的有效途径，提高我国科普工作的实践能力，同时也是记录我国航空科普的史料书籍，以飨读者。

航空科普史的内容界定

为便于梳理航空科普史，本书依据 2002 年公布的《中华人民共和国科学技术普及法》来界定科普所涉及的内容，即科普是国家和社会采取公众易于理解、接受、参与的方式，普及科学技术知识、倡导科学方法、传播科学思想、弘扬科学精神的活动。

根据上述界定来回顾我国科普的发展历程，可以发现，随着科学技术的发展及我国社会的变化，科普的内容、形式、渠道、目的等都在不断发生变化，其内涵也愈加丰富。新中国成立初期，我国科普处于传统科普阶段，基

---

① "中华人民共和国科普历史研究"课题由中国科普研究所基本科研业务费资助。

本属于单纯地向公众普及科学知识和生产技术。改革开放以后，随着科学技术的全面发展和人民认知水平的提高，传播科学思想逐步成为科普的重要内容。进入 21 世纪，科普的内容则囊括了科学知识、科学思想，还包括科学方法、科学精神和科学伦理。当代中国的科学传播在做好传统科普工作的基础上，更加注重科普主体与公众的互动，帮助公众更好地理解科学知识、参与科学活动。

航空科普也基本遵循这样一个动态发展过程。航空是指飞行器在地球大气层内的活动，人类现代航空的发端是在西方 18 世纪产业革命之后，而人类能够真正在空中飞行则是到了 20 世纪。1903 年 12 月 17 日，美国莱特兄弟成功地用其自制的飞机实现了人类历史上第一次有动力、可操纵的载人持续飞行。飞机问世不久，便因其具有广泛的潜在用途而迅速发展起来。20 世纪科学技术和生产力的突飞猛进，又为航空产业的飞跃发展提供了客观技术基础。

清末民初，随着中国派遣留学生到海外学习，飞机制造和飞行逐步引入中国；日军侵华战争则在中国引发航空救国的思潮。在我国，除空军系统创办的培养飞行员和航空机械人员的学校外，从 20 世纪 30 年代中期开始，先后有 10 所大学设置了航空工程系，为我国培养了不少优秀的航空科技人才。在航空引入中国的同时，航空科学普及，特别是航空领域相关的出版工作就已经展开。

新中国成立后，在党和政府的高度重视下，中国航空事业"有了新的生命，有了突飞猛进的发展"[1]。1964 年，中国航空学会成立，此时就已设置工作机构"普及工作委员会（兼航空知识编辑委员会）"。中国航空学会在西安地区组织《航空知识》普及讲座试点[2]、江苏省暨南京市航空学会举行年会[3]，会议提及"航空科普"。新时代，航空航天更是国家自主创新的典范，为创新型国家建设提供根基。2016 年 5 月 30 日，习近平总书记在全国科技创新大会、中国科学院第十八次院士大会和中国工程院第十三次院士大会、中国科学技术协会第九次全国代表大会上发表重要讲话，强调"科技创新、科学普及是实现创新发展的两翼，要把科学普及放在与科技创新同等重要的位置"。没有全民科学素质普遍提高，就难以建立起宏大的高素质创新大军，难以实现科技成果快速转化。讲话充分肯定了做好科普工作、提高全民科学素质对建设世界科技强国的重大意义和巨大作用。航空作为科技创新、科学普及的重要领域，其科普历史的追溯也是我国科普事业发展中的重要组成部分。

研究现状

近年对中国当代科普史的探讨，引起学界的重视，这对我国科普事业的发展十分有利。其中，有科普通史性的回顾，如《中华人民共和国科技传播史》[4]第七章论述科技普及史，《中国近代民众科普史》展示中华人民共和国成立前百余年间我国民众科普事业发展的历程[5]，这些著作为本课题研究提供了重要借鉴。此外，有关科普史的研究成果还见于一些文章或论文之中，如章道义《中国科普：一个世纪的简要回顾》[6]、朱效民《新中国以来我国科普发展的历史回顾》[7]、申振钰《中国科普历史考察》[8]、李大光《中国科普研究历史回顾》[9]、刘新芳《当代中国科普史研究》[10]等。以上学者的论文亦对中国科普相关工作做了不同角度的历史梳理与分析。

航空科普及其相关研究方面的经典著作，如姜长英《中国古代航空史话》、沈海军《中国航空史话》，对本书亦有非常重要的直接借鉴意义。然而，新中国成立70多年来，对航空科普的发展历程却缺少系统的梳理，这个方向的研究也非常稀缺，这为本项目的开展提供了广阔的学术空间，同时也表明本研究的开展会面临诸多困难，需要付出巨大的努力。

研究思路与方法

鉴于上述对科普内涵及航空科普的把握和分析，《航空科普在中国》先以历史分期为线索对我国的航空科普历程进行纵向回顾，之后按照我国航空科普发展的历史现实和规律，在纵向研究的基础上，从科普组织机构及其工作、科普活动的开展、科普基础设施建设、科普创作、科普名家等多方面作出深入分析研究。

本书以新中国成立以来航空工业发展历程为背景，以相关政策为支撑，充分挖掘各方史料，从航空教育到航空科普，再到航空文化；从出版到影视，再到新媒体建设；从航空体育到夏令营，再到通用航空到无人机；从人到机构，再回归至人。在这个过程中，可以较为清晰地看出新中国成立后航空科普 70 多年来的发展历程。

　　本书的部分材料来源于 2020 年度有关航空科普史课题所形成的成果，在此，感谢课题组成员王晶金、张衍；在写作过程中，笔者曾咨询航空科普专家张聚恩研究员、李成智研究员、赵霜红总工程师，他们为本书的创作提供了思路与见解，在此一并表示感谢！课题近三年的研究对史料收集还存在一定缺陷，加之作为一部科普史书还缺乏一些生动的笔触，留下一些遗憾。但希望借此出版机会，引发读者对航空科普史的兴趣，抛砖引玉，以期吸引更多研究者的深度关注。

作　者

2023 年 10 月

目　录

第一章 绪 论

中国古老的航空技术，可以追溯到风筝、火箭[①]、孔明灯、竹蜻蜓等最初的制作期，而现代意义上的航空技术直到 19 世纪中叶才被以各种方式引入中国。鸦片战争之后，中国的海禁开放，在 1855 年的《博物新编》中，开始出现对氢气球的介绍。又历经近半个世纪，航空出版、飞行表演及航空展览等为代表的航空科普基本同时出现。

1903 年，中国开始有了翻译的和原创的航空科幻小说；早在 1913 年，杂志上就已经出现了介绍航空模型的文章。我国现代意义上的航空出版也从此开始。航空刊物的最早出版，可以追溯至中华航空协会（成立于 1921 年 5 月 1 日）于 1923 年 1 月起出版的《御风》半月刊，不过出到第 11 号以后就停刊了；北京航空学会（成立于 1923 年 2 月 4 日）从 1923 年 9 月 1 日起发行《航空通报》；1925 年成立的广东航空同志会曾出版《航空月刊》和《航空周报》；中国航空协会（前身为中华航空救国会，于 1932 年一·二八事变后为建设我国航空而成立，并于 1933 年 1 月更名为中国航空协会）在 1935 年出版《航空画报》，后来改为《航空》，为半月刊。

清末民初，有不少外国飞行家先后带着飞机来到中国。来到中国表演的外国飞行家中，最著名的也最不幸的是法国的环龙（Rene Vallon）。他是来中国最早的，也是第一个在中国牺牲的飞行家（去世于宣统三年四月初八，即 1911 年 5 月 6 日）。环龙表演飞行失事的消息在《申报》上连登了好几天。民国七年（1918 年）出版的《上海县续志》和许多图书中，对此也有记载，这在某种意

---

① 此处的火箭指的是古代一种用火药制造的武器。

义上发挥了航空科普的作用。俄国飞行家科塞明斯基（音译）也曾来到中国表演。他在 1912 年 10 月底，带着飞机乘火车经由天津来到北京，11 月初在东交民巷用单翼飞机做飞行表演。以上内容可以算作是我国航空科普的启蒙。

而 1910 年在南京开幕的南洋劝业会①上，第一次出现了气球，为我国航空展览开创先河。在 1929 年 6 月 6 日开幕的西湖博览会上，中华航空协进会为了宣传航空知识，在该博览会里办了一个航空陈列室。不过在我国较早的展览会里，只是偶尔出现一些航空展品，虽然也有宣传航空知识的意味，但基本处于无意识科普状态。九一八事变之后，才有了专门宣传航空知识的展览会，我国各地举行的展览会次数也变多了。其中规模最大、范围较广的一次要算 1944 年 10 月 10 日在重庆开幕的"国防科学展览会"。

1940 年 10 月 27 日，为提高青年学生的航空知识，推动航空模型运动（简称"航模运动"），香港《大公报》和其他几个教育文化团体举办了"第一次航模比赛"。1941 年 8 月 17 日，在香港又举行了"第二次航模比赛"。受其影响，从 1941 年起，我国内地也开始有了航空模型的展览、表演和比赛，当时的航模展览集中于成都、重庆等西南地区。由于比赛多了，航空模型的飞行成绩也有提高，比赛项目增多，比赛规则也逐渐完备。

不过从总体来看，新中国成立前的航空科普不具有持续性和稳定性。直到中华人民共和国成立之后，我国的航空科普才逐步走向正轨，历经不同发展阶段，其概念也随之转变，从最初致力于对航空人才的培养以报效祖国的航空事业，到以培养公众，特别是青少年的航空兴趣爱好与航空意识为主，再到面向全社会传播航空文化，使航空科普走上健康发展之路。

一、新中国成立初期至改革开放前的航空科普（1951—1977 年）

从 1951 年 10 月开始，在苏联的援助下，我国重点发展了"六大厂"，分别是沈阳飞机修理厂、沈阳发动机修理厂、哈尔滨飞机修理厂、哈尔滨发动

---

① 南洋劝业会是中国举办的第一次世界博览会，也是中国历史上首次以官方名义主办的国际性博览会。

机修理厂、南昌飞机修理厂和株洲发动机修理厂。当时的中国航空人满怀报国激情，一边修飞机、发动机，一边建厂，到1957年，这"六大厂"共修理飞机3291架、发动机14 248台，在满足当时保家卫国需要的同时，也为下一步从修理走向制造打下了一定的基础[11]。

（一）航空工业建设中的教育及培训兼具科普功能

新中国成立初期，百废待兴，各方面都相当薄弱，急需科学技术来带动工业和经济，促进国家的全面建设。对于国防工业，国家领导人尤为重视，并提出要通过独立自主、自力更生，来发展中国自己的国防工业。1949年9月，毛泽东主席在中国人民政治协商会议第一届全体会议开幕词中宣布："我们将不但有一个强大的陆军，而且有一个强大的空军和强大的海军。"建设强大的人民空军、发展航空工业，成为当时所面临的重要课题。在毛泽东主席和周恩来总理的直接关怀和重视下，1949年11月11日，中国人民解放军空军建军。

一年后，抗美援朝战争爆发。为支援作战，必须尽快建设一支强大的空军，中共中央决定通过快速提高修理能力和配件制造能力来加速建设航空工业。经过空军和重工业部先后5次单独或联名向中央报送关于建设航空工业的意见，1950年12月下旬，政务院总理周恩来遵照毛泽东主席的指示召开会议，确定了我国航空工业建设的基本方针，指出："我国是拥有九百六十万平方公里的国土、五六亿人口的国家，靠买人家的飞机，搞搞修理是不行的。"中国航空工业的建设，就此开启了先搞修理，由小到大，由修理发展到制造的道路。1951年4月17日，中央人民政府人民革命军事委员会和政务院颁发《关于航空工业建设的决定》，标志着新中国航空工业的诞生。新中国成立后，国家进行经济建设和国防建设，航空工业成为建设重点。然而我国人才受教育状况却难以适应新中国航空工业建设的需要，人才短缺成为航空工业建设的最大障碍。鉴于此，为了航空工业的长远发展，航空教育开始有计划地兴办起来。

重工业部和航空工业局分别成立教育管理机构，一手抓生产，一手抓教育，实行"建厂同时建校"和"边生产、边培训"的方针。1952 年 10 月 16 日，第二机械工业部（简称为"二机部"）颁发 1952 年第四季度有关航空教育工作计划，对各校的教育方针及技工教育、在职干部教育等提出具体要求。随着多种教育形式的不断出现、调整与整合，中国航空教育体系初步形成。特别是北京航空学院、华东航空学院和南京航空工业专科学校三所知名的航空高等院校（后分别更名为北京航空航天大学、西北工业大学和南京航空航天大学）的成立和发展，为中国航空工业输送了大批高端人才[12]。

这段时期，航空工业先后由二机部、第一机械工业部（简称"一机部"）、第三机械工业部（简称"三机部"）管理。在党和国家的关心支持下，航空工业克服"大跃进"、苏联撤走专家等不利影响，在曲折中成长。周恩来、叶剑英、邓小平等国家领导人深切关怀航空工业，鼓舞广大职工排除干扰，坚韧不拔，奋进不息[13]。在此期间，航空工业方面的教育与科普工作艰难进行。

中国航空工业诞生于 1951 年，随着航空工业从修理过渡到制造，中国也迎来航空科普的初创期。新中国百废待兴，亟须科学救国，航空更是建立强大国防的保障。在这一时期，航空教育及培训直接服务于航空工业建设，培养了大批航空技术人才，并发挥了科普的功能。可以说，如果没有航空教育，我国的航空事业就无法开启，更谈不上发展。因此在第一个五年计划期间（1953—1957 年），政府投入大量资金，创办了一批航空高等院校，建设了13 个重点骨干企业，初步建立起航空制造和人才培养体系，使航空工业迅速完成由修理到制造的过渡。20 世纪六七十年代是我国航空工业的自主发展阶段，中国航空工业不仅在东北、华北、华东有较强的飞机及其配套设施的生产能力，而且在中南、西南、西北等"三线地区"建成了飞机和发动机、机载设备的成套生产基地，形成比较完整的配套生产能力。"三线地区"的基地建设，带动当地经济文化繁荣发展，为以后进一步融入区域经济发展奠定了基础。在此期间，担当着航空知识普及任务的航空教育经历了多轮调整。

（二）《航空知识》成为航空科普期刊的一枝独秀

为了一定数量的航空科普图书和期刊得以出版，诞生于 1964 年的中国航空学会一度成为开展航空科普的主要力量，并很快接手了1958年创办的《航空知识》作为专门的航空科普期刊。历经创刊（1958年）、停刊（1960年）、复刊（1964年）、再停刊（1966年）、再复刊（1974年），几经磨难，《航空知识》恢复出版后成绩斐然，已经成为航空科普期刊的重要支柱。

（三）航空体育运动发挥重要科普作用

航空科普伴随航空科学技术发展而开展，面向大众普及航空知识，可以使他们掌握一定的科技知识，引导学习航空科学技术。朱德总司令曾在空军参谋工作会议上指出："我们要开展滑翔和跳伞等活动，来启发人民对航空事业的兴趣"[14]。随着航模运动、滑翔运动、跳伞运动等多种形式的航空运动普及，对航空的兴趣和热爱也逐步在全社会，特别是青少年人群中成功培育，使他们有志成为未来的航空人才。在1966—1976的10年间，虽然我国的科学技术发展受到一定的限制，但航空工业依然有所发展。一些省市的航空模型俱乐部、运动队人员在极其困难的情况下，响应"提高警惕、保卫祖国"和"备战备荒为人民"的号召，以另一种形式发挥了航空普及的作用。即便航空科普机构被撤销后，各地的航空模型运动员大多下放到工厂当工人，在完成生产任务之外，他们依然利用可能的条件进行航空模型活动，尤其是有多人分配到同一单位，往往就组织业余航空模型组，到中小学航空模型组讲课和辅导等，由此带动了这一时期的航空体育运动，并出版航空体育运动方面的科普图书。

新中国成立初期的科普活动少而精，不仅直接为航空工业培养人才，还利用高质量的航空科普图书和期刊，以及开展面向大众的航空体育运动，尽其所能培养全民对航空的兴趣。

二、改革开放之后的航空科普（1978—1998年）

1978年，党的十一届三中全会召开，确立了以经济建设为中心的方针，以及实事求是的思想路线，中国进入改革开放时代。同年，邓小平同志提出国防科技工业要服从和服务于国家经济建设大局，走军民结合道路的战略思想。他指出，国防工业要搞军民结合，以民养军。也就是从这一年开始，中国的国防科技工业踏上了铸剑为犁的和平之路。

（一）"军转民、内转外"战略使社会公众近距离了解航空

航空工业坚持航空科研先行，实现体制机制和产业结构的重大调整，在走向市场、走向世界中加快发展。随着中国航空工业机构改革，名称先后从"第三机械工业部"改为"航空工业部"（1982年）、"航空航天工业部"（1988年），再改为"中国航空工业总公司"（1993年），从前的许多"秘密"不再是秘密。从1988年开始，国防专利技术管理部门已把数千项国防专利技术解密，核电站、民用飞机、民用船舶、通信导航气象卫星，已成为具有军工特色、军民兼容的产品，渗透到寻常百姓的日常生活中。实施"军转民、内转外"战略，使航空技术有机会通过各种方式被社会公众所了解。

（二）中国航空科普开始走上正式发展的道路

为了贯彻落实全国科学大会审议通过的《1978—1985年全国科学技术发展规划纲要（草案）》及中国科学技术协会（简称"中国科协"）召开的科普工作规划座谈会会议精神，1977年11月21日至27日，中国航空学会在北京举行首次"航空科学普及工作座谈会"。1979年9月16日，中国航空学会在浙江莫干山召开第二次全国会员代表大会，并成立科普工作委员会兼《航空知识》编委会，地方学会也相继成立或恢复活动。中国航空科普工作开始走上正式发展的道路。

各级学会组织的科普活动多种多样，如航空科普报告与讲座、科学家与青少年见面会，特别是1984年中国航空学会组织的全国航空夏令营成为新中国成立以来历史上具有深远影响的一次全国性青少年航空夏令营，并推向全国，航空夏令营成了中国航空学会为全国青少年组织的最重要的航空科普活动之一。

航展也在这一时期开始走上航空科普的舞台。伴随着1996年11月5日至10日首届中国国际航空航天博览会在珠海市举行，针对培养青少年航空意

识、激发航空热情的航空教育顺势开展。我国著名力学家、航空教育家季文美等130位全国著名航空航天专家、学者联名向时任国务院副总理李岚清同志提交报告，开启了我国新一轮早期航空航天教育，在中小学时期把航空航天教育渗透于课程计划中，并开展课外特色教育活动。通过这些活动，打破飞行的神秘性，可以进一步培养青少年对航空事业的兴趣和热情，进而使他们能从事航空事业，投身到航空领域。

改革开放以来，全国各个方面贯彻改革开放的方针，军事体育的管理体制和方针任务也发生了根本性的调整与改革。军事体育由过去的中国共产党中央军事委员会（简称"中央军委"）和国家体育运动委员会（简称"国家体委"）双重领导，改为由国家体委统一领导，并从过去开展的具有军事技术特点的项目中，选择了一些参加过国际组织和进行国际竞赛的，并已成为我国传统的体育项目，如跳伞、滑翔、航空模型运动、无线电运动等继续开展下去，成为适合开展群众活动的航空体育运动，并以普及和提高相结合为指导方针，作为航空科普的重要形式保留下来。

（三）航空科普创作得以繁荣发展

1978年5月，全国科普创作座谈会在上海召开，航空科普创作迎来繁荣时期。航空科普期刊方面，《航空知识》恢复出版以后成绩斐然，多次获得大奖，如国际航空联合会优秀奖（1985年）、首届国防优秀科技期刊一等奖（1991年）、首届全国科技期刊评比活动一等奖（1992年）、第一届中国科协全国优秀科技期刊一等奖（1993年）等。《航空模型》于1982年创刊，由中国科协主管，中国航空学会和中国航空运动协会①联合主办，北京航空航天大学航空期刊杂志社《航空模型》编辑部编辑出版。《航空模型》是中国创刊时间最早、发行量位居同类期刊前茅、业界影响力最大的航模科普刊物，是中

---

① 中国航空运动协会（简称中国航协）成立于1964年8月，是具有独立法人资格的全国性群众体育组织，下设飞行、气球、悬挂滑翔、跳伞和航空模型五个项目委员会，开展轻型飞机、热气球、滑翔、跳伞、滑翔伞、动力伞、悬挂滑翔和航空模型等航空体育项目。

国航空运动协会航空模型委员会的会刊。《航空世界》创刊于 1999 年，由中国航空工业集团有限公司（简称"中航工业集团"）主管，中航出版传媒有限责任公司（简称"中航传媒"）主办，自创刊以来，颇受业界和广大读者的关注与好评。

这一时期的航空科普图书以航空史及大百科为主，成为航空科普经典图书。国防科学技术工业委员会（简称"国防科工委"）政治部和中国国防工会领导的群众性文学艺术团体中国神剑文学艺术学会（1983—2008 年）、中国航空学会科技声像协会（1990 年成立）、中国航空学会科普工作委员会航空航天科普作家研究会（1992 年成立）等团体先后成立，也为我国的航空科普创作提供了重要平台。还有很多值得铭记的航空科普大家，如航空教育界人士史超礼、航空史学家姜长英，有在航空史、航空画、航空模型等多个领域深耕的航空科普创作家陈应明，有专门从事航空科普创作的名家谢础，有航模教育专家符其卫、航空博物馆专家孟鹊鸣等。他们以高度的热情负责及专业能力，成为这一时期我国航空科普创作的中坚力量。

（四）航空科普场馆纷纷建立并开放

《1978—1985 年全国科学技术发展规划纲要（草案）》强调"积极开展科学普及工作"，"在有条件的大城市设立科技馆、自然博物馆"。1983 年，茅以升教授等著名科学家在全国人民代表大会（简称"全国人大"）上提出加速实施中国科技馆建设的提案，得到邓小平、姚依林、万里等党和国家领导人的大力支持。随着 1984 年 11 月中国科技馆建设的破土动工，各省地市先后建成一批科技馆。这一时期建成并开放的航空博物馆主要有中国航空博物馆（1989 年）、北京航空馆（1986 年）、西安航空馆（1987 年）、南京航空航天馆（1992 年），这些场馆成为我国航空科普的重要阵地。

三、1999 年至今的航空科普

由于国际形势风云多变，加上我国科学技术水平的全面发展，在 20 世纪末航空工业进入崭新的阶段。1999 年，中国航空工业总公司一分为二，分别组建中国航空工业第一集团公司和中国航空工业第二集团公司。此后，中国航空工业逐渐掌握了第三代战斗机和发动机、涡扇支线客机、先进直升机的研发技术，使我国跻身能够研制先进歼击机、直升机等航空装备的少数国家之列。2001 年 7 月 21 日，"航空工程"项目入选"中国 20 世纪重大工程技术成就"。2008 年 11 月 6 日，原中国航空工业第一集团公司和第二集团公司重组成立新的中航工业集团，成为中国航空工业有史以来最大的一次战略性整合和专业化重组。航空工业明确提出长期发展战略。培养公众的航空意识，创造良好的航空政策环境和航空文化氛围，进一步实现我国航空事业的跨越发展成为此时航空科普的重点。

（一）中国航空学会是航空科普的主要力量

作为航空科普主要力量的中国航空学会，在这一时期牵头创办并大力推动航空特色学校的建设工作，同时开始同其他相关机构开展以科学普及为目的的活动。2012 年以来，中国航空学会和北京市航空运动协会多次联合举办北京市青少年模拟飞行比赛；2016 年，由中国航空学会和空军联合举办"追梦起航——2016 全国航空科普文化月"并得以延续；2017 年，中国航空学会开始举办面向中小学生的"全国青少年无人机大赛"。在新时代，中国航空学会贯彻党建强会部署，共同发起中国科协创新融合学会联合体或牵头中国科协军民融合学会联合体，开展航空科普活动。作为航空科普的主力军，中国航空学会继续探索航空科普工作新思路、拓宽航空科普宣传新渠道、创新航空科普活动的内容和形式、加强航空科普工作体系，有力地推动新时代航空科普工作的创新和发展。

（二）更多社会力量参与航空科普工作

在这一时期，更多的社会力量通过多种形式参与到航空科普工作中。比如，建设科普阵地阎良航空城、航空小镇、上海世博会中国航空馆、潮安青少年航天航空科技教育基地；举办多种活动和赛事，如波音公司的"放飞梦想"波音航空科普教育系列活动、"中航工业杯"国际无人飞行器创新大奖赛，并开展多种类型的航空主题科普活动；中航工业举办通用航空活动，普及通用航空文化，爱飞客航空俱乐部致力于传播通用航空文化，举办通用航展、主题飞行、通用航空知识讲座、轻型飞机创意设计大赛、中航工业"通航日"等科普活动。热气球、滑翔伞、动力伞、超轻型飞机都是这一时期兴起的新型航空科普项目。同时，它们作为科技含量高、知识品位高的航空科普项目，吸引着越来越多的爱好者，特别是青少年参加。这些工作和活动满足了公众多样化、情趣化的需求，也成为公众追求高雅文化、体育健身及休闲娱乐消费的新形式。

（三）互联网背景下的航空科普创作得到长足发展

随着社会经济的不断发展，新媒体已深入生活和各行各业。"新媒体"可以理解为建立在互联网基础上的新兴的传统互联网媒体和移动端互联网媒体的总称。随着新媒体技术的迅速发展，以计算机、手机、数字电视等为载体的新兴数字媒体已逐渐替代报纸、杂志等传统纸质媒体，成为最受欢迎的信息传播手段。以微博、微信、微视频和客户端（三微一端）为渠道载体，以精简凝练的文字、大量精美图片，甚至是三维动图、视频为新颖形式的客户端，正在逐步形成一种新的阅读视听模式。互联网和新媒体的出现，使航空科普迎来了新格局。航空科普积极探索"互联网+"的功能，并推出科普工作新形式。

航空科普期刊积极推进与大众媒体的融合发展，成为非常有效打破传统的传播方式。2007年1月，中国科协在国内启动"科技期刊与大众媒体见面会"制度，搭建了科技期刊与大众媒体的桥梁。通过见面会，一些科技期刊向全国性和地方性报刊、网站和广播电台等大众媒体，推荐最新发表的具有原创性、新闻性或对社会发展和人类生活有可能产生重要影响的科研成果，在传播科技信息的同时大大提升了期刊品牌影响力。《航空知识》就在这一方面做了尝试并得到良好进展。《航空知识》及时关注、跟踪相关热点，并与广播电台等大众媒体合作，第一时间推出航空热点的科普内容，为公众答疑解惑，受到社会各界的好评。在与大众媒体合作过程中，《航空知识》主创团队不断借鉴和吸收大众媒体节目的优秀文化元素，在杂志的选题策划、素材选择、版式和语言等方面做出诸多改进，收效显著，读者反馈杂志变得比过去"好看易读"了，这些都得益于对大众媒体的文化借鉴[15]。

除了期刊，还有很多机构或个人也在推动航空科普，而智能手机的普及更广泛地培育了科普受众。以"三微一端"为载体和平台的微传播新媒体时代来临，大众的阅读习惯转向移动阅读，使科学普及方式发生了根本变化。航空科普也不例外，在优质短视频平台中已经出现很多自媒体人，以平民化、碎片化的呈现方式，带给人们一种全新的体验，也让科普迎来新的机遇。例如，"飞行员欧文"，还有"丘老九""托勒密""飞行砖家王机长"等自媒体人，都是航空爱好者，并开始借助网络视频从事航空类科学传播。而在各大新媒体平台，如抖音、Bilibili（简称"B站"）、西瓜视频等也都有他们的身影。

传统的科普出版依然有其生存和发展的空间，并有很多航空科普名家在我国航空科普文化传播方面作出突出贡献，如航模教育专家汪耆年、中国科协首席科学传播专家张聚恩、中国科协首席科学传播专家王亚男、中国航空博物馆馆长齐贤德、中国科普作家协会会员焦国力、航空摄影记者牟健为等。传统科普与"互联网+"的航空科普并行，以更丰富多彩的内容，配以语言文字、图像、视频等多种形式，以一种亲和、平民化的口吻展现给受众，让受众切身感受到航空领域距离自身并不遥远，并逐渐提高其航空知识素养，进而促进航空文化的形成。

第二章　航空科普组织机构的发展

新中国成立以来，我国的航空工业建设从无到有，从以维修为主过渡到航空制造，再到科技创新，历经70多年，发生了天翻地覆的变化。航空科普也实现了从旨在培养航空人才的"高校航空教育"到"青少年航空早期教育"，再到"全民普及航空文化"的过程。在这个过程中，我国的航空科普组织体系也发生了变化。在航空科普工作开展过程中，各级党委和政府、航空领域主管部门、各级科协、中国航空学会及地方学会、航空高等院校，以及其他相关社会力量等都不遗余力地在航空科普工作中大显身手。

可以说，我国的航空科普始于航空体育运动。后期经过多次机构调整，航空体育运动历经了兴与衰及职能的多次转变，最终基本退出航空科普的历史舞台。在此期间，后来居上的中国航空学会及其各级地方学会理所当然地成为航空科普的主要力量，在航空科普中发挥了重要作用。随着航空工业的迅速发展，特别是"军转民"时期的到来，为了宣传、建设航空文化，我国的航空工业集团下属机构或公司，如爱飞客航空俱乐部等，以不同形式开展航空科普工作。

一、航空工业初期的航空体育运动机构

航空体育运动在中国作为一项新兴运动，于20世纪20年代开始萌芽，30年代逐步兴起，新中国成立后迅速发展。航空运动项目和活动内容，随着航空科学技术的发展，以及社会经济、政治、文化等多方面的变革而不断变化着。在初创阶段，航空体育的基本做法是模仿苏联，开展国防体育运动，

内容包括航空模型运动（简称航模运动）、滑翔运动、跳伞运动和飞行运动等。在朱德、刘少奇、周恩来、贺龙等老一辈无产阶级革命家的亲切关怀和倡导下，我国航空体育运动从1950年开始酝酿筹建，至20世纪60年代后以滑翔运动为标志的航空体育运动得以迅速发展，并初步解决了空军飞行员的来源问题，也在早期航空教育的发展过程中写下光辉的篇章，在开展国防教育、培养后备力量等方面，作出突出贡献。

1. 中央国防体育俱乐部成立（1952年）

中央领导同志非常关心人民对航空事业的支持。1950年4月10日，朱德总司令在空军召开的参谋工作会议上指出："我们要开展滑翔和跳伞等活动，来启发人民对航空事业的兴趣"。为效仿苏联，经周恩来总理批准，1952年6月24日，"中央国防体育俱乐部"正式成立，隶属中华全国体育总会，时任国家体委副主任蔡树藩任俱乐部主任。中央国防体育俱乐部的主要职能是指导全国国防体育事业的开展，具体筹办航空滑翔等国防体育活动的开展工作。当时制定的发展总方针是"重点试办、吸取经验，学习业务、培养干部，准备物质条件、稳步前进，以达到重点开展"。在中央国防体育俱乐部的组织、指导下，国防体育"重点试办"工作逐步展开[16]。

成立之初，中央国防体育俱乐部设立了陆海空三个科，其中第一科航空运动科下设滑翔组、航空模型组、跳伞组。1953年春，中央国防体育俱乐部改变体制，下设秘书、总务、滑翔、跳伞、航空模型、水上运动、摩托车、无线电运动等组，其工作指导方针是首先以北京为据点，从小做起，吸取经验，再向全国大中城市推广，成为组织和开展群众性军事体育活动的机构。随着中央国防体育俱乐部的正式成立，以程之远为组长的航空模型运动工作组也正式成立，新中国的航空模型运动开始有了固定的全国性的统一领导机构，从而进入一个新的发展时期。

2. 改组成立中国人民国防体育协会（1956年）

1956年是我国社会主义建设事业迅速发展和社会主义改造工作取得决定性胜利的一年，遍及全国的社会主义建设高潮为体育工作的开展提供了极其有利的条件。根据中共中央和国务院要求各项工作又多、又快、又好、又省的精神，以及我国体育运动的基础和广大群众的要求，国家体委采取"加速开展群众性体育运动，在广泛的群众运动基础上，努力提高运动技术"的方针。1956年1月，国家体委向周恩来总理报送了《关于建立中国人民支援陆海空军志愿协会的请示》，认为在中央国防体育俱乐部3年试办的基础上，结合义务兵役的实施，把这种协会建立起来是必要的，也是可能的，并建议这个协会直接受党中央（军委）领导，具体工作由国防部负责。1956年11月1日，中央国防体育俱乐部改组为中国人民国防体育协会（简称"国防体协"），由李达上将出任主任[17]，下设航空、航海、陆上3个运动司和一些管理机构，由国家体委、国防部领导。中国人民国防体育协会继续开展滑翔、跳伞、航模运动等群众性的航空体育活动。1958年5月，周恩来总理提出体育和军事训练相结合，中央决定把国防体协并入国家体委。为了便于国际交往和对外联系，合并后，国防体协名义仍被保留。

3. 中国人民航空俱乐部成立（1957年）

航空体育运动作为早期航空教育很快发展起来。1956年，全国有3个城市开展滑翔运动，4个城市开展跳伞运动，108个城市开展航模运动。1957年8月1日，中国人民航空俱乐部在北京良乡成立，隶属中央国防体育俱乐部（1956年11月改称为中国人民国防体育协会），开展的项目包括滑翔、航模运动、飞行、跳伞等实践活动。到1964年，全国发展了49个航空俱乐部和滑翔俱乐部，以及30所业余滑翔学校，拥有约500架滑翔机。在这个时期，这些滑翔运动单位为空军代训了7800名飞行学员；对6112人进行了滑翔训练，向空军和海军航空兵输送了2600名飞行学员；同时还培养了万余名滑翔员，并向空军、海军航空兵和民航输送人才[18]。

4. 恢复业余滑翔学校

1966—1976年，航空运动一直坚持开展，并在20世纪70年代有所恢复。1973年10月，国家体委原副主任李达把关于恢复业余滑翔学校的适应备战和战略需要的报告，上报周恩来总理，并建议在全国开展群众性国防体育活动。

1974 年 8 月，空军党委把《建议恢复业余滑翔学校的请示》上报中央军委。邓小平副总理批示，"这是应迅速办理的事情，李达副总长召集空军、体委等部门讨论一次，解决复校问题。例如，体制、归属、校址、经费等，向军委提出报告"。当年 10 月，国家体委、总参谋部即向国务院、中央军委报送了《关于在全国恢复业余滑翔学校和开展其他军事体育活动的请示》。到 1976 年年底，共恢复业余滑翔学校 18 所，航空运动学校 35 所。

　　1978 年 12 月，由于党的十一届三中全会决定把全党的工作重心转移到社会主义现代化建设上来，全国各个方面开始贯彻改革开放的方针，军事体育的管理体制、方针和任务也发生了根本性的调整和改革。根据调查和研究，国家体委针对国防体育的管理体制与方针任务做出调整和改革。在领导体制方面，由过去的中央军委和国家体委双重领导，改为由国家体委统一领导；从过去开展的具有军事技术特点的项目中，选择一些参加过国际组织和进行国际竞赛的并已成为我国传统的体育项目，如跳伞、滑翔、航模运动、无线电运动等，继续开展下去。贯彻普及和提高相结合的方针，在开展群众活动的基础上，根据国际竞赛的需要，建立一定规模的优秀运动团队在国际竞赛中争取创造好成绩成为改革的重点。这次改革方案使"军事体育""国防体育"成为历史 [19]，中央国防体育俱乐部彻底退出历史舞台，而保留下来的运动项目得以社会化普及。

　　我国的航空科普始于航空体育运动。在航空体育运动的兴起与普及过程中，"滑翔""跳伞""航模"等词汇成为为数不多家喻户晓的科学技术词汇之一。后期经过多次机构调整，航空体育运动历经了兴衰及职能的多次转变，终结了其普及与群众化的功能。

二、从航空工业局（部）到中国航空工业集团有限公司

　　1978 年，党的十一届三中全会召开，确立了以经济建设为中心的方针，以及实事求是的思想路线，中国进入改革开放时代。同年年初，邓小平同志提出国防科技工业要服从和服务于国家经济建设大局，走军民结合道路的战

略思想。他指出，国防工业要搞军民结合，以民养军。也就是从这一年开始，我国的国防科技工业踏上了铸剑为犁的和平之路。为落实改革开放政策、实施"军转民、内转外"战略，航空工业坚持航空科研先行，实现体制机制和产业结构的重大调整，在走向市场、走向世界中加快发展[20]。

这一阶段迎来的不仅是科学的春天，航空科普的春天也已然来临。航空工业军转民政策的确立全面开启了我国航空科普事业，我国的航空工业组织机构开始积极开展航空科普工作并成为其中重要的航空科普主体机构。

中航工业集团是中央直接管理的国有特大型企业集团，其前身可以追溯到 1951 年 4 月 19 日成立的航空工业局（段子俊任局长），其间历经多次机构调整。1952 年 8 月，航空工业局划归二机部，为第二机械工业部第四局；1958 年，改称一机部四局；1960 年 9 月，改为三机部四局；1963 年 9 月，在航空工业局的基础上成立新三机部。随着时代的变迁，三机部先后更名为航空工业部（1982 年）、航空航天工业部（1988 年），直到 1993 年改制为中国航空工业总公司，从此走上了企业化道路。1999 年 7 月，中国航空工业总公司分为中国航空工业第一集团公司和中国航空工业第二集团公司，由中央管理；2008 年 11 月，经国务院批准，中国航空工业第一集团公司和第二集团公司整合组建中国航空工业集团公司；2017 年 12 月，名称变更为中国航空工业集团有限公司。

（一）航空工业局（部）以航空教育为主（1951—1993 年）

新中国航空工业创建之初，航空人才，尤其是技术人才极其匮乏，虽从各行各业大量调集，但仍难满足需求。因此这一阶段是新中国航空工业教育发展的奠定时期，是中国高等教育的重要组成部分，也是中国航空工业教育不断探索发展、奠定基础的重要时期。

1. 完成由修理到制造的过渡需要快速发展航空教育

1951 年 12 月，周恩来总理主持研究航空工业 3—5 年建设计划时，就要求兴办航空教育，并配套相应资金。随即，航空工业局成立教育管理机构，研究制订航空教育兴办计划，初步建立起航空制造体系和人才培养体系，使航空工业迅速完成由修理到制造的过渡。

在航空工业部门与教育部门的支持下，我国的航空教育得以发展。经教育部对全国各高等学校航空院系的调整，至1957年，相继建立北京航空学院、西北工业大学和南京航空学院，形成三所院校鼎立的航空工业高等教育格局，共有教师1753人，在校学生近1.3万人。航空工业局还开办了"俄文专科学校"，培养大批俄语专业人才。与此同时，1951年在江苏南京、江西南昌、北京、黑龙江哈尔滨筹建4所航空工业专科学校，1956年之后又陆续在陕西西安、四川成都、辽宁沈阳、河南郑州等地创办多所航空工业学校，航空工业中等教育初步形成体系。

通过航空教育源源不断地输送大批急需人才，有力地改变了航空队伍及其专业技术结构。到1957年年底，航空工业技术人员占到职工总数的14%，技校毕业生占到工人总数的64%。

2. 航空工业教育体系形成

在1952年年初，航空工业局召开的第一次教育工作会议上提出理论与实际相结合的教育方针，使中国的航空工业在中国共产党和政府的关心支持下实现了从飞机维修到飞机制造、从飞机仿制到自行设计的两步跨越，生产制造了一大批飞机，培养了一批又一批优秀的航空人才，基本满足当时的社会需要。在立足中国航空工业长远发展的同时，中国的航空工业教育有计划地兴办，中国航空工业教育体系在不断地发展与整合中逐步形成。

长期以来，我国的航空工业一直处于高度保密状态，因此在之后的很长一段时间里，先后作为航空工业部（1963—1988年）、航空航天工业部（1988—1993年）存在期间的航空工业中，主要以航空教育发挥其科普功能。航空工业系统除了在院校教育进行适当培训与普及，很少直接参与组织航空科普活动。

（二）伴随中国航空工业集团有限公司发展的科普工作（1993 年至今）

科教兴国战略坚持教育为本，把科技和教育摆在经济、社会发展的重要位置，是建设中国特色社会主义的基本国策和重大方略之一，而科普工作是科教兴国战略的重要组成部分。在这一时期，为了适应经济体制转轨，国家行政管理体制改革步伐加快，在航空工业领域，航空航天工业部被撤销。1993 年 3 月 22 日，第八届全国人民代表大会第一次会议通过提案，组建中国航空工业总公司，拉开中国航空工业向企业化运作转变的序幕。

1. 企业化转型拉开中国航空工业总公司的航空科普序幕

1996 年 11 月 4 日至 10 日，在珠海机场举办的首届中国国际航空航天博览会（简称"珠海航展"）上，中国航空工业总公司作为联合主办方之一，开始登上航空科普的历史舞台。为贯彻《中共中央、国务院关于加强科学技术普及工作的若干意见》及 1996 年全国科普工作会议精神，中国航空工业总公司成立了以张彦仲副总经理为组长的航空科普工作协调小组，由总公司科技局负责处理协调小组的日常工作，从此中国航空工业总公司的航空科普工作有序地开展起来[21]。

2. 中国航空工业的飞速发展凸显航空科普的重要性

中国航空工业总公司经过 2008 年改制后，现为中航工业集团，是受中央直接管理的国有特大型企业集团。2009 年，对中航工业集团来说是特殊的一年。2009 年 7 月 8 日，中航工业集团成为我国首家跻身世界 500 强的军工企业，在航空航天与防务板块位居全球第十一位，中国的航空工业终于站在了与 EADS（欧洲宇航防务集团）、波音公司等世界级航空军工企业同台竞技的新起点上。

对公众进行航空意识培养的重要性也在此时被进一步提上日程，尤其是在发展大飞机的新形势下，中航工业集团已经意识到，公众的航空理念、航空意识是下一个"航空百年"发展的重要基础，所以在中国航空第一个百年这个关键节点，比航空事业发展更为可贵的是公众的航空意识提升，是有一个良好的航空政策环境，是有一个更加良好的航空文化氛围，来托起并推动航空事业的跨越发展[22]。为此，中国航空工业集团有限公司发挥自身专业优势，以打造"航空先进文化力"为指引，加大与地方政府、企业、学校合作，通过建设航空文化综合体、策划组织大型航展及航空科普活动等形式，进一步向大众展示航空魅力、普及航空知识、传播航空文化，提升国民航空意识。

3. 中国航空工业集团有限公司科普工作覆盖全国各地

党的十八大以来，中国特色社会主义进入新时代，中国航空工业迈上了建设航空强国的新征程。动员公众关注航空科学技术的发展，既是现代化建设的需要，也是航空事业发展的需要。进入新时代，中航工业集团各单位每年组织各类活动，普及航空知识，传播航空文化，提升公众航空意识，促进社会大众成为国家航空工业强国战略的参与者、推动者、实践者。

2013年以来，为弘扬吴大观等老一辈航空人爱岗敬业、无私奉献的精神，中航工业集团成立"航空工业吴大观志愿服务总队"，以"中国梦·航空梦"百场航空科普进校园为主题，持续开展丰富多彩的航空科普工作。为贯彻党的十九大提出的"弘扬科学精神，普及科学知识"，从2018年开始，中航工业集团团委向全行业团委提出倡议，开展"中国梦·航空梦"百场航空科普进校园活动，普及航空知识、传播航空文化、增强公众航空意识。

在同一时期，沈飞（中航沈飞股份有限公司）、成飞〔中航工业成都飞机工业（集团）有限责任公司〕、哈飞（哈尔滨飞机工业集团有限责任公司）等众多单位，就近联合科普展馆、教育基地等，重点面向中小学生，以"百年筑梦 航空强国"为主题，举办一系列活动，具体形式有科普讲座、论坛、展览，宣传海报、儿童绘画作品、航空知识大赛、科普动画短视频征集，以及航空工业厂所设施、车间"开放日"，航空科普研学行，航空专家进校园，航空科普教育扶贫等。活动覆盖全国20多个省、自治区、直辖市，一大批航空展馆、航空设施、实验室、车间等集中向社会公众和大中小学生开放。同时，一批航空院士、专家也亲自走进学校，结合其成长和科研经历，以座谈交流、科普报告等形式，向青少年讲述航空知识和为人治学的心得体会，以开拓青少年视野，勉励青少年志存高远、报效祖国。

甚至在疫情防控常态化的形势下，也并没有阻碍中航工业集团的科普工作，反而创新科普方式，通过直播、"线上＋线下"相结合的形式，持续深入开展航空科普工作，为建设新时代强国凝聚强大力量。

三、中国航空学会的成立及发展（1964 年至今）

中国航空学会自诞生以来就担负着向社会公众普及航空科学技术的重要使命，而其成立也经历了一个相当长的酝酿过程。在近代中国救亡图存的现实需求和"科学与民主"思潮的推动下，一批近代自然科学和工程技术的综合性学会和专门学会先后建立起来。经过 20 世纪三四十年代的发展，这些学会的组织日益完善，为近代科学技术在我国的传播和发展作出一定的贡献。新中国成立前，有少数航空技术人员组织过规模很小的航空学术团体。例如，1934 年 4 月 1 日在杭州成立的中国航空工程学会，其目的是"联络航空工程同志，研究航空学术，以促进航空事业"，由钱昌祚任会长。1947 年以后，有人曾在南京组织过航空工程师学会。此外，在新中国成立前的中央大学、浙江大学、厦门大学等高校的航空系内，曾有学生组织过航空工程学会。由于旧中国的历史条件，这些学术团体都只存在很短的时间便无法继续下去了 [23]。

（一）中国航空学会的成立

中华人民共和国成立后，《中国人民政治协商会议共同纲领》所制定的科学发展目标，即为"努力发展自然科学，以服务于工农业和国防的建设，奖励科学的发现和发明，普及科学知识"，对全国科学工作进行了一次体制改造和重构，逐步构建起以科学国家化为特征的科技体制。作为科学建制化的标志之一，在中华全国自然科学专门学会联合会（简称"全国科联"）和中国科

协的支持与推动下，学会把自身发展与国家、民族和社会需要相结合，走出
一条具有中国特色的发展道路[24]。由于生产建设的需要和科研工作的发展，
特别是 1956 年中共中央作出向科学进军的号召，一些没有学会组织的学科和
行业科技领域的科技工作者纷纷要求建立相应学会，一些处于停滞状态的学
会也纷纷恢复组织，开展工作[25]。

早在 1951 年教育部召开全国各大学航空系会议和 1956 年国家组织制
定全国科学发展规划时，就有人建议成立航空工程方面的全国性学术团体。
1962 年 12 月 6 日，北京航空学院正式致函中国科协书记处，支持成立中国航
空学会，并愿作为挂靠单位。经过一年多时间的筹备之后，1964 年 2 月 20 日
至 28 日，中国航空学会在北京召开成立大会。沈元被推选为中国航空学会第
一届理事长，大会通过了《中国航空学会会章》，并在章程中规定学会理事会
下设工作机构有普及工作委员会（兼航空知识编辑委员会），凸显了航空科普
工作的重要性。中国航空学会成立后，北京（1964 年）、辽宁（1964 年）、陕
西（1964 年）、江苏（1965 年）、贵州（1979 年）、黑龙江（1979 年）等省
市先后成立航空学会，作为中国航空学会的地方组织。在第二届理事会期间，
在一些省市科协的领导下，这些省市的航空学会也陆续恢复或成立。

中国航空学会成立以来，在航空科普方面开展了多种多样的活动，受到
广大群众的欢迎。在其带动下，全国各省市航空学会都根据当地资源优势与
需求举办独具特色的航空科普活动。航空科普讲座和航空夏令营则是中国航
空学会建立初期经常举办的活动。在 1975 年，中国航空学会就开始组织航空
高等院校的教师和科技工作者到地方开展科普工作。在中国航空学会的带动
下，地方学会先后成立，并开展工作。

（二）中国航空学会牵头建设航空特色学校

为贯彻《中国人民政治协商会议共同纲领》所制定的科学发展目标，作
为中国科协接纳的全国性的学术性非营利法人社会团体，中国航空学会自诞
生以来就承担起向社会公众普及航空科学技术知识的重要使命。

1. 中国航空学会进行"全国航空特色学校"试点

1990 年秋，中国航空学会与北京市崇文区教育局合作，在北京第一七八中学开办少年航空实验班。航空实验班学员经过三年学习，不仅学到丰富的航空知识，而且全班毕业成绩在全校名列前茅。学会召开航空实验班毕业总结汇报会，国家教委、空军、中国民用航空局（简称"中国民航局"）、国家体委的代表到会听取汇报，对航空实验班的成效表示肯定和鼓励。1995 年，中国航空学会北京科技培训中心和湖南省张家界市侨辉中学联合创办了"少年航空班"，于当年 10 月正式开学；1996 年，我国第一所少年航空学校——张家界侨辉少年航空学校，由湖南省教委批准正式成立。十年的实践成果与研究，为建设具有航空特色的普通高中提供了借鉴经验（该校目前已注销）。

2. 中国航空学会建设"全国航空特色学校"

为培养未来飞行员和航空后备人才，在更多中小学校系统地开展航空科技教育，培养热爱航空及国防事业的后备人才，经中国航空学会七届三次科普工作委员会审议通过，从 2009 年开始建设"全国航空特色学校"。具体做法包括对热衷航空教育并符合一定条件的全国中小学，在自愿的基础上，经各省（自治区、直辖市）航空学会等单位初步审核后，向中国航空学会提出申请，经中国航空学会批准，授予其"全国航空特色学校"牌匾和称号。

中国航空学会为全国航空特色学校提供航空科普教材、免费或优惠的资料，联系有关专家进行指导或开展讲座活动，联系有关航空单位、驻地军队与学校结对共建，组织开展夏（冬）令营、航模制作与比赛等活动，对表现出色的学校、科技教师及优秀学生定期进行表彰奖励，定期对科技教师进行培训，定期组织工作情况交流会等。中国航空学会制定实施方案和管理方法，提出符合学生心理成长的"航模教育""航空知识教育""航空活动教育"等教学模式。

全国航空特色学校建设工作得到全国众多中小学的热烈响应。截至 2009 年 7 月，中国航空学会共择优审核批准了福建南安一中、江西景德镇昌河中学、江西景德镇昌河实验小学、天津河西区中心小学等 9 所全国航空特色学校。在中国航空学会和地方学会的指导下，全国各地通过全国航空特色学校开展航空科普教育活动，取得了良好成绩。其他一些省市也以不同形式陆续建设航空特色学校，培养航空后备人才。

3. "全国航空特色学校"建设工作交流

为探索航空特色学校的进一步发展，摸索中小学航空特色科普有效模式，促进航空特色学校建设，更好地培养航空专业人才，中国航空学会和地方学会在合适的时机举办多次会议或论坛，实现航空特色学校建设的沟通交流。2011 年 10 月 16 日至 18 日，中国航空学会、杭州市科协在杭州联合召开首届"中国航空学会 2011 全国航空特色学校发展论坛"。中国科学院院士邢球痕、中国航空学会副秘书长李楠等领导和专家，以及 17 所全国航空特色学校代表，共 50 余人出席论坛。论坛以"航空科普与青少年创新"为主题，既有院士、专家报告，又有学校之间的经验交流；既有理性思辨、感性表达，又有课堂教学展示。2016 年 3 月 18 日，山东航空航天学会在中航工业集团第六三七研究所主办"全国航空特色学校"首次工作会。2022 年和 2023 年，中国航空学会连续两年举办"航空特色学校工作能力提升研讨会"。从中国航空学会到各地方学会，通过召开相关研讨会，为航空特色学校间经验交流、青少年人才培养提供了良好的沟通与交流的平台。

（三）早期航空教育再次引发关注

1. "选飞育飞研讨会"就早期航空教育达成共识

对青少年进行早期航空教育是培养航空事业后备人才的必经之路。在经受挫折之后的很长一段时间内，青少年早期航空教育的重要性一直处于被忽视的状态，直到中国航空学会于 1995 年 4 月在北京召开我国首次"选飞育飞研讨会"，专门研讨飞行学员的选拔和早期培养。中国人民解放军总政治部、中国人民解放军空军及原国家教育委员会、中国科协、国家体委等 55 个部门的领导和专家参加了会议。会议达成 4 点共识，其中有两点是关于早期航空教育的，即开展早期航空航天教育是培养优秀人才的成功道路；大力开展航空科普教育和国防教育是培养优秀飞行人才的根本战略措施。这也意味着青少年早期航空教育再次引发社会关注。

2. 对早期航空教育进行研究探讨

1997年2月，由中国航空学会酝酿和策划，经由海军指挥学院通过总参军事教育规划小组上报的课题《早期航空航天国防教育实施工程研究》获得批准，被列为全国教育科学"九五"规划军队重点（国务院部委级重点）课题。该课题于2001年完成并通过验收，专家组对课题的评价较高，认为此研究在国内尚属首次，填补了中国航空航天人才早期教育的空白，为该领域人才培养提供了理论依据和可行方法，为我国开展航空航天人才早期教育工作提供重要的理论支撑，对指导早期教育工作具有重要参考价值。

在1998年珠海航展举办之际，中国航空学会、中国宇航学会和珠海国际航展公司于1998年11月15日至18日在深圳联合召开"全国首届航空航天科普教育研讨会"。在研讨会上，我国航空航天科普教育专家就早期航空航天教育和航空航天博物馆等场馆建设作专题报告和研讨，内容包括早期航空航天教育和航空航天教育基地建设两方面的内容 [26]，为我国早期航空航天教育提供理论指导。

为贯彻落实《2001—2005年中国青少年科学技术普及活动指导纲要》文件精神，促进早期航空教育更好地开展，2002年12月和2003年10月，中国航空学会先后两次联合主办早期教育和培训研讨会，并出版《早期航空教育及航空模型研讨会会议文集》（2003），进一步推动这项工作的开展。

2014年6月29日至7月1日，中国航空学会发起举办首届中国航空科普教育大会，国家国防科技工业局、国家国防教育办公室等15家单位共同主办，广东省航空学会、辽宁省航空宇航学会等10家单位协办。大会旨在促进我国航空科普教育事业发展，加强青少年航空科普教育工作的信息交流、理论研讨和协同合作。中国航空学会副理事长、科普工作委员会主任魏钢在此届大会上通过回顾中国航空科普教育工作历史，分析中国航空科普教育工作面临的形势，呼吁以建立"中国少年飞行总队"为切入点，全面系统地推进青少年航空科普教育工作，会议内容丰富多彩，为进一步开展航空科普工作提供了交流与反思的机会。

（四）对科技教师进行专业航空培训

1. 对科技教师进行航空科普培训

为了通过提高科技教师的教学水平，把航空知识的种子播撒在学生的心田，并为各中小学日后开展航空科普教育奠定基础，中国航空学会经常为各地科技教师进行航空科普培训。2012年9月29日，《航空模型》《航空知识》编辑部受中国航空学会邀请，前往中国国际航空体育节和第二届全国航空运动会举办地山东莱芜，为当地中小学科技教师进行航空科普培训，60余位科技教师参加了此次培训。培训邀请知名航空科普期刊《航空知识》的副主编王亚男、国内舰载机专家吴强副总工程师、知名航空科普期刊《航空模型》编辑部副主任宁波、北京航空航天大学附属小学（简称北航附小）科技教师王楠等，分别就航空科技发展历程、舰载机与航母、北航附小航空科普教育与文化建设等作报告。为期一天的培训活动安排紧凑，内容丰富精彩，增强了科技教师对航空的认识，提高了他们对航空领域的兴趣。随着后续航空培训逐步走向成熟，我国航空教育深入到众多中小学。

2. 对模拟飞行教师进行培训

自2013年中国航空学会举办首届"蓝天飞梦——2013全国青少年模拟飞行大赛"以来，中国航空学会每年都会在全国不同地方举办模拟飞行教师培训，并委派权威专家给予辅导培训。仅在2013年4月至5月，中国航空学会就先后在广州市荔湾区和深圳西乡中学举办青少年模拟飞行教师培训班和模拟飞行教师培训会。此后，中国航空学会模拟飞行教师培训又先后在南京、北京、广州、胶州等地举办模拟飞行教师培训，赵成哲、张东松等模拟飞行专家多次负责全程培训。中国航空学会组织的模拟飞行教师培训班既有知识讲解和案例分析，也有实际操作训练，具有很强的指导性和实用性，为进一步提升全国青少年航空教育水平，放飞青少年科创梦想，为祖国航空事业储备人才夯实教学基础。

（五）中国航空学会及地方学会的其他科普工作

向广大干部、科技人员和企业工人等不同群体进行科普报告和讲座，举办各种展览等，这些活动都是普及推广新科学技术并帮助受众进行知识更新的好形式。1975年，中国航空学会开始组织航空高等院校的教师和科技工作者到陕西、江苏、贵州、辽宁、北京、四川等6省市举办"航空知识普及讲座"。而自从地方航空学会先后成立，各地的科普工作也积极开展起来。1988年成立的上海市航空学会开展了大量航空科普活动，并经过多年努力，形成多项具有持续性、有特色的品牌活动。如1989年以来，上海市航空学会与上海航宇科普中心联合组织上海地区少年儿童参加国际航空联合会（FAI）举办的国际少年儿童航空绘画比赛；从1989年开始，上海市航空学会组织全市青少年参加中国航空学会主办的"我爱祖国的蓝天"全国像真模型飞机比赛。

各地方航空学会自成立开始便开展了比较丰富多彩的航空科普活动，而夏令营以其切实有效的优势成为各地开展航空科普的普遍方式。但由于各地的经济、文化发展水平不同，资源优势各有不同，各航空学会也因地制宜，尽可能地充分展示各自的航空科普特色。

作为航空科普事业的主力军，中国航空学会的航空科普工作主要以组织形式多样的活动为主，但远远不止于此。随着时代的变化，中国航空学会及地方学会的科普工作，在内容和形式方面都发生了很大的变化，从通过组织报告、讲座、赛事、报纸期刊等形式普及航空基础知识，到通过夏令营、航空特色学校的建立使青少年近距离接触航空知识，再到新媒体时代借助最新技术手段立体式体验航空的不同方面，中国航空学会的航空科普工作开展得有声有色。

四、航空高等院校的科普责任担当

通过高校教育平台，面向社会公众特别是青少年，开展科学普及工作，提高全民科学素质和创新意识，是教育部联合科技部贯彻国家科教兴国战略的一项重大创新举措。航空高等院校作为推进航空科技创新的主体，教师作为开展科学教学与研究的主体，组成了丰富的航空科普资源。部分高校还依托自身专业特色优势，建有各类场馆，为开展航空科普活动提供物质保障。

（一）北京航空航天大学（简称"北航"）

1952 年 10 月 25 日，在北京工业学院礼堂（原中法大学旧址）举行了北京航空学院成立大会。1988 年，北京航空学院更名为北京航空航天大学（简称"北航"）。北航是新中国第一所航空航天高等学府，现隶属于工业和信息化部。

1. 北京航空航天大学老教授协会（简称"北航老教授协会"）

除教学与科研外，航空科普在北京航空航天大学逐步有了立足之地，特别是北京航空馆的建立与开放最为人所知。然而除了北京航空馆，在北京航空航天大学，北航老教授协会的科普贡献同样值得关注。随着人口老龄化工作提上重要议事日程，作为中国老教授协会的下属组织，北航老教授协会于2010 年成立，这是由北京航空航天大学离退休的教授、副教授、研究员、副研究员和其他具有高级职称的专家、学者自愿组成的社会团体，成员年龄一般在 55 岁以上。其协会章程第六条规定了北航老教授协会的科普业务，即"发挥老教授、老专家的专业特长，开展学术交流和科普教育活动，组建老教授科普报告团，面向学校和社会的青少年进行科普教育"。

北航老教授协会成立多个社团，并具备不同功能，其中的科普工作主要由北航老教授科普报告团承担。退休教授非常重视对青少年航空兴趣的培养，认为应从小培养、从小教育。于是，2010 年，在北航老教授协会成立的同时，北航老教授科普报告团也成立了，其宗旨是发挥老教授的专业特长，在校内外积极开展科普教育活动，被称为"探索实现了老有所为的新形式"。北航老教授科普报告团自成立以来，每年都开展科普报告。徐扬禾等老教授除了亲自给中关村第三小学、广安门外第一小学、北京航空航天大学附属小学和附属中学、华中农业大学等学校作科普讲座或专题报告外，还作为常务副团长，组织老教授在全国网络中心"杏坛大讲堂"，以及"腾讯"面向大学生的"专家面对面"等栏目或平台作专题讲座，发挥"传帮带"作用。根据 2015 年统计，北航老教授当年开展 31 场科普报告，听众（包括大中小学生）超过 1.58 万人次[27]。

北航老教授科普报告团在科普讲座、科普出版等方面都作出非常有价值的贡献，并为其他院校的科普工作发挥了榜样的作用。

2. 北京航空航天大学科学技术协会（简称"北航科协"）

高校科协是中国科协在高校的基层组织，是联系和凝聚高校科技工作者的重要桥梁和纽带。1988 年 7 月 21 日，北京航空航天大学科学技术协会第一次代表大会召开，宣告北航科协成立，在学校党委领导下，业务上受北京市科学技术协会的指导。《北京航空航天大学科学技术协会章程》专门在第五条中规定了其科普任务：贯彻《全民科学素质行动规划纲要》和《中华人民共和国科学技术普及法》，发挥学校教学和科研优势，推动科普基地和科普网络建设，普及科学技术知识，传播科学思想，倡导科学方法，弘扬科学精神，为提高公众科学素质服务。

从一开始，北航科协就担负着科学普及的重任。30 多年来，北航科协在开展科普教育活动方面发挥了重要作用，如北航科协积极参与"老科学家学术成长资料采集工程"的工作。2017 年，完成姚骏恩院士学术成长资料采集工作；2018 年，完成钟群鹏院士学术成长资料采集工作。所采集整理的各类史料等成果，是大力弘扬科学家精神的重要体现，同时也是非常重要的科普成果。

（二）沈阳航空航天大学（简称"沈航"）

沈阳航空航天大学始建于 1952 年，其前身"沈阳航空工业学校"在抗美援朝时期伴随着新中国航空工业的起步而诞生，是中华人民共和国创办的首批 6 所航空院校之一，肩负着为新中国航空工业和人民军队培养技术和管理人才的使命。学校历经"沈阳航空工业学校""东北第一工业学校""沈阳第一工业学校""沈阳航空工业学校""沈阳航空工业专科学校""沈阳航空学院""沈阳航空工业学院"等阶段，至 2010 年 3 月正式更名为"沈阳航空航天大学"。在 70 多年的办学历程中，沈航为国家航空航天等国防工业和地方经济建设方面培养各类毕业生，具有科技人员聚集、科研机构密集、科技资源丰富、科研能力突出的优势，而沈阳航空航天大学航空模型基地（简称"沈航航空模型基地"）则成为科技创新和科学传播的重要主体。

1. 沈航航空模型基地开放

沈航航空模型基地初建于 2010 年，以航空航天工程实验中心、物理实验中心和工程训练中心为雏形。2012 年 8 月 23 日，中国科协联合教育部向全国省级科协、各教育厅局及相关高校下发《中国科协办公厅 教育部办公厅关于印发〈2012 年全国高校科普开放日活动实施方案〉的通知》（科协办发普字〔2012〕40 号）。为积极贯彻通知的指示精神，辽宁省科协、教育厅成立由省级科协和教育厅为牵头单位，有关高校参加的领导机构，制定了具体的活动实施方案。沈阳航空航天大学作为驻沈高校之一，面向省内中小学生开放辽宁省青少年航空航天模型教育基地，包括航空动力展馆、风洞实验室和停机坪，同年获批全国科普基地称号。沈航航空模型基地每年预约接待团体、个人参观 1.5 万余人次，先后于 2014 年和 2017 年荣获辽宁省和沈阳市科普基地称号。全国唯一一所以高校名字命名的国家、省、市三级科普教育基地由此诞生。

2. 沈航航空模型基地承办各类航空科普活动

"十三五"期间国务院办公厅印发了《全民科学素质行动规划纲要实施方案》，并作出总体部署，旨在实现跨越式提升中国公民科学素质。沈航科普教育基地以此为契机，突出航空航天科普特色主题，通过每年承办各类活动全面开展科普教育，全国科技周、全国青少年无人机大赛、教育部高校航空专题营、港澳台青少年夏令营、辽宁省"飞向北京　飞向太空"青少年航模比赛、飞行器设计大赛、航空航天知识竞赛、"翔远杯"大学生知识竞赛、"雏鹰计划"推广校、航空知识进山村、追梦启航进校园等一系列科普活动足迹已遍布辽宁省内 14 个地级市,并得到中国科协、辽宁省体育总局及其省(市)科协的高度认可,授予优秀组织单位、优秀协办单位等荣誉称号[28]。

在沈航航空模型基地,公众可以从历史脉络中感受星火的传承,从人文故事中聆听岁月的寄语,从触摸展品中感知时代的温度,从实践中探索科普的乐趣。不仅使来自全国各地的学生近距离感受航空航天科技的魅力,更能为莘莘学子提供专业的航空航天知识讲解,激发青少年热爱航空、大胆求实、创新实践的热情与能力,以此提升学生在当代社会中的使命感和责任感。

除了北航、沈航,其他航空高等院校也都在一定程度上开展了科普工作。如成立于 1989 年 12 月的南京航空航天大学科学技术协会,其科普工作立足于行业特点,以航空航天特色为主线,通过一系列大型活动的开展,确立特色品牌,形成较高的知名度和社会影响力。

五、中国民航科普基金会的科普工作

为支持中国民用航空科技创新,为教育和文化建设,为扶持民航博物馆建设和发展,2006 年 3 月,中国民航局批准成立全国性公募基金会——中国民航科普基金会。该基金会的登记管理机关为中华人民共和国民政部,业务主管单位为中国民航局,其发展经历了两个阶段,在 2011 年之前,基金会的宗旨主要是支持民航博物馆建设(民航博物馆于 2011 年正式开馆);从 2011 年 5 月开始,基金会成立第二届理事会,工作宗旨有了较大拓展,主要是支持民航科普教育和科技研究,支持民航行业文化建设,支持民航节能减排工作,支持通用航空发展等公益事业。自成立以来,除每年资助 100 万元支持民航博物馆的日常维护运营、促成开办专题陈列外,中国民航科普基金会还开展科普读物出版、民航科普教育基地建设、夏令营、展览等大量具有特色的航空科普工作。

1. 民航科普教育基地建设

作为民政部"AAA"级基金会，中国民航科普基金会在全国建成 14 个民航科普教育基地，遍及 10 余个省、自治区、直辖市，共开展科普活动近百场，惠及人数达 200 万人次。其中，北京基地推出的"凤舞九天"和"飞天梦"、四川基地推出的航空科普实训等项目受到青少年的普遍欢迎，得到社会的广泛赞誉；内蒙古鄂尔多斯基地被评为内蒙古自治区级科普教育基地。

2. 组织科普活动

中国民航科普基金会作为全国性公募基金会，除了对民航科普工作进行资助支持，也直接组织开展了大量航空科普工作。

2012 年起，中国民航科普基金会连续每年出资举办"放飞梦想　爱心启航"民航科普公益夏令营，为边远地区、革命老区、少数民族地区的近千名青少年播下热爱科学的"种子"。来自新疆、青海、西藏、四川、湖北、浙江、河北、天津、北京等地的青少年，在夏令营中走进民航、了解民航，进而热爱民航。为了进一步提高民航科普公益夏令营的品牌影响力，推动新时代民航科普事业高质量发展，同时加强与各民航科普基地的联系，切实有效扶持基地发展，2023 年，民航科普公益夏令营选定 6 家民航科普基地分别承办，同时在华东、中南、西南、西北和东北地区的 6 个城市开展。中国民航科普基金会在资金、资源方面提供支持，确保各基地办好夏令营，进一步推广民航科普公益夏令营品牌 [29]。

为贯彻落实 2006 年国务院印发的《全民科学素质行动计划纲要（2006—2010—2020 年）》，中国民航科普基金会也面向行业内外开展大型科普活动，连续在上海举办全国青少年无人机科普大赛，近 20 个省市的 300 所学校参赛，并举办多场无人机科普讲座及全国青少年无人机科普高峰论坛，使航空科普活动向更深层次开展 [30]。为展示多年的科普工作成果，2018 年，中国民航科普基金会在北京展览馆主办首届民航科教创新成果展，参展单位多达 90 家，是民航系统举办的首次大规模科教创新展览，在行业内外引起热烈反响。

六、民间机构积极开展航空科普

近年来，随着低空空域改革、审批程序简化、财政扶持力度加大等激励政策的不断出台，以及大众对通用航空认识程度和参与程度的逐步增强，通用航空产业已成为新的社会热点，各地发展热情高涨。参与航空科普的民间机构也趁势得以发展，它们以多种形式参与并支持航空科普事业。

（一）北京飞行者航空航天科普促进中心（简称"航普中心"）

2016 年 5 月，国务院发布《关于促进通用航空业发展的指导意见》，明确要求从飞机生产能力、飞行管理服务、通航机场建设和飞行人才培养储备等方面加大支持和开放力度。各地都在加紧行动，大力发展通用航空业。北京飞行者航空科普促进中心这一航空人才培养机构应运而生，并于 2016 年 10 月 25 日正式创办（2022 年 2 月更名为北京飞行者航空航天科普促进中心）。航普中心是一家以航空知识科普教育、航空人才培养为目标的非政府组织，隶属于北京市民政局。它所承载的任务是开展航空航天文化教育、飞行员培养、全民航空航天启蒙、承办航空航天类展览与展示等。这项利国利民、公益性强、前景广阔的事业，得到北京市民政局等政府和单位的帮助和支持。

1."为祖国，去飞行"航空人才储备计划主题脱颖而出

通航产业的发展，不仅在技术、机场数量、飞机数量等方面有很大的提高，更重要的是在航空人才的数量方面进行战略性储备。为祖国储备航空人才，是航普中心最重要、长期、可持续发展的工作任务。航普中心根据中心制定的标准，向全社会招募志愿者，通过学习、培养、考核等环节，加入"中国航空人才储备"计划中。2017 年 5 月 20 日，全国科技活动周暨北京科技周活动中，航普中心所参展的"为祖国，去飞行"航空人才储备计划主题活动脱颖而出，成为本届科技周中独具特色的项目之一。

2018 年 6 月，航普中心在北京市民政局的领导下，正式被综合党委批复为"北京市公益领域第三联合党委"书记单位，并荣获"党建工作先进单位"

荣誉称号；11 月 10 日，由航普中心党支部发起的"鸿雁计划"，正式成立少年航校。经过严格面试、体能测试、逻辑思维测试、记忆力测试，8 名青少年正式成为航校的第一期学生。他们在其后 4 年的学习中，掌握飞行驾驶理论、专业飞行模拟机驾驶技术等。更重要的是，少年航校更重视人才培养，提高军事素养、组织能力、心理素质等，让学生获得德智体美劳全面发展。"为祖国，去飞行"不再是一个口号，而是由航普中心制订的航空人才储备计划。

2. 发起"中国飞天梦科技志愿团"

2020 年，在中国科协的指导下，中国飞天梦科技志愿团正式成立。这支志愿团队以航空航天科普工作和科技志愿者培育为主，在全国开展"'中国飞天梦'科普万里行""'中国飞天梦'中国航天科普巡展"等科普活动，以此培养青少年对航空航天领域的兴趣，激发青少年对科学探索的热情。作为中国飞天梦科技志愿团发起单位，为实现"中国飞天梦"，航普中心承载了开展航空航天文化教育、飞行员培养、全民航空航天启蒙、航空航天类展览等工作，为祖国培养启蒙航空航天人才飞天梦的计划，计划到 2024 年 9 月 21 日，即冯如 [①] 发明飞机 115 周年，在全国实现普及人数超过 115 万人的目标。

3. 开展多种航空科普活动

航普中心自成立以来至 2017 年 6 月，已经成功在全国开展航空科普活动、飞行体验活动、国防教育活动共 173 期，科普人数达 57 954 人次，并帮助 13 372 人完成"蓝天梦"。而这个数字已占全国 312 家通用航空公司普通用户数的 80% 以上。截至 2020 年 11 月，航普中心已进行航空科普 515 期，"面对面"科普共计 11 万人次，帮助近 2 万人飞上蓝天。

除了活动，航普中心还拍摄航空科普视频近 400 部，全网播放量仅两个月便突破 1000 万人次。航普中心已成为由民政部门批准的 AAAA 级社会组织，并荣获科技部 2017 年、2018 年"全国最受公众喜爱的科普项目"等多项荣誉。航普中心还被中国民航局、中国民航科普基金会批准为"中国民航科普

---

① 冯如（1884～1912 年），是中国第一位飞机设计师、制造师和飞行家，被誉为"中国航空之父"。

教育基地"，被北京市科委、市科协联合授予"北京市科普教育基地"，并获"第三批西城区市民终身教育服务基地"称号，把"让航空航天知识、让通航走近普通大众"当作航普中心重点工作[31]。

（二）深圳市博尔创意文化发展有限公司

深圳市博尔创意文化发展有限公司是一家以科技创新与文化教育跨界融合发展为主要特色、建有党的基层组织的民营股份制公司，是中国空军、海军和中航工业集团、中国商飞的专业模型供应商。该公司的核心专长是飞机概念机、模拟机及相关航空等军工衍生品研制，主要业务涉及航空科技、科技体验等科技创意领域，以及以爱国主义教育为核心、国防教育和航空科普教育为特色的公益教育领域，是经中国航空学会和深圳市科协认定的"全国航空科普教育基地"和"广东省青少年科技教育基地"。

1. 打开飞机模型市场

深圳市博尔创意文化发展有限公司已在航空科技和文化创意领域深耕20余年，具有深厚的航空科技和国防军工知识积淀，拥有一支由航空工业科技专家和国防专业领域知名人士组成的顾问团队，以及国家级、省级、市级工艺美术大师领军的文化创意团队。

2001年，深圳市博尔创意文化发展有限公司注册成立，致力于开发和生产高品质飞机模型和特色礼品，并利用专业优势不断延伸飞机模型市场，成为国内最早开发高级仿真合金飞机模型的企业。

2. 创办国防科普教育基地

2013年，公司投入数百万元创办我国第一个舰载机科普教育示范基地，也是中国首个国防科普教育基地。基地的宗旨是以航空模型为载体，专注于青少年科技教育，致力于向青少年传播航空文化，培养青少年动手和创新能力，提高科学素养，引领年轻人走上航空事业的道路。公司前期投入数百万资金，建设800平方米的展厅，展出军事沙盘、航母及多种战斗机模型。如今，博尔国防科普基地不仅成为青少年第二课堂的好去处，同时，也让航空科技知识走向社会，走向社区，向深圳市民传播科学知识，树立科学思维。

　　该基地自 2013 年成立以来，举办的各类活动超过 500 场，科普活动多次获得中国科协、广东省科协的表彰。基地已经走进多家社区、校园，不断向祖国的后备力量传播国防军事文化、普及科学知识和弘扬爱国主义精神。此外，博尔国防科普基地正着手编撰国防科普教育教材和读本，编撰委员会及专家库成员全部由科学家、航天员、战斗英雄、国家功臣、英雄模范、劳动模范、艺术家、教育家等相关领域顶尖人才和代表人物组成。未来，会有更多的一线科学家群体、传统手工艺人参与到国防科普教育教材编撰工作中[32]。

3. 策划"中华强国梦"系列品牌公益教育活动

　　2013 年，博尔国防科普基地一成立就开始致力于公益性国防与科普教育，策划并组织了"中华强国梦"系列品牌公益教育活动，吸引了东江纵队①老战士，深圳市委、市政府领导，部分军队高级将领，中航工业集团等军工集团高管、中国科学院院士、中国工程院院士、宇航员、试飞员、著名军事评论员等参与。"中华强国梦"的成功举办使博尔国防科普基地成为深圳市国防与航空科普教育的一面旗帜，迄今为止已举办 10 季。

　　2019 年 3 月，扬州举行首届航空科技文化展，深圳市博尔创意文化发展有限公司"特尔博"品牌系列产品为展会成功举办作出巨大贡献，也展示出不凡的实力。深圳市博尔创意文化发展有限公司以弘扬爱国主义、传播军工文化、提高青少年科学素养、培养创新能力、助力中国梦为宗旨，以"博采众长、与尔共享"为经营理念，以"无我、无私、无为"为公司价值观，引领爱国主义教育、国防教育和科普教育一体化平台的创立和发展，成为国内科技创新和文化教育产业跨界发展的标杆企业。

（三）波音（中国）公司

　　波音公司与中国的长期合作伙伴关系历史悠久。1972 年，美国总统尼克

---

① 东江纵队，全称为广东人民抗日游击队东江纵队，是抗日战争时期中国共产党在广东省东江地区创建和领导的一支人民抗日军队。

松的历史性访华把波音飞机引入中国市场，并成为中国航空客货运系统的主力飞机之一。

1. 波音（中国）公司的航空科普与教育目标

在航空科普方面，波音（中国）公司有着其企业公民愿景，即把专业知识和承诺延伸到从小学到大学的中国青少年的"科学、技术、工程和数学"（STEM）教育领域中来。波音（中国）公司希望在中国教育体系中打造一个关于航空航天、工程和创新的有效系统。在小学阶段，波音（中国）公司发起"放飞梦想"项目，主要关注航空理论、飞行原理和模型制作；在中学阶段，波音（中国）公司助力把 FIRST 机器人大赛①引入中国；在大学阶段，波音（中国）公司启动了包括"航空俱乐部"及其他项目。这三个阶段相互传承，参加"放飞梦想"活动的学生在中学阶段继续参加 FIRST 竞赛；参与"航空俱乐部"和其他相关活动的学生能作为导师辅导 FIRST 的中学参与者[33]。小学阶段的"放飞梦想"活动是波音（中国）公司"企业公民在行动"的重要项目之一，也是波音企业公民社会责任所倡导的"终身学习"理念在小学阶段的重要体现。

2. 启动"放飞梦想——波音航空科普教育系列活动"

"放飞梦想——波音航空科普教育系列活动"是波音公司在中国最重要的企业公民活动之一，旨在帮助中国小学生增进对航空知识的了解，启迪小学生对航空的兴趣、为中国培养未来的"莱特兄弟"，为中国的可持续发展培养全面的高素质人才。为此，2009 年 3 月 3 日，波音（中国）公司、北京学生活动管理中心和北京青少年发展基金会共同主办，中航传媒承担的"放飞梦想——波音航空科普教育系列活动"（简称"放飞梦想"活动）正式启动。"放飞梦想"活动通过携手友成企业家扶贫基金会，深入开展科学课程教学技能培训，让航空科普课堂走进边远地区的学校，持续拓宽乡村教师和学子的视野。

---

① FIRST 机器人大赛是由 FIRST（For Inspiration and Recognition of Science and Technology）主办的针对青少年的国际性赛事，比赛旨在激发青少年对科技、工程和数学的兴趣，同时培养他们的动手能力和团队合作意识。

"放飞梦想"的活动内容

波音航空科普教育系列活动分为五个阶段：第一阶段为课程策划及教材编写。由航空院校、杂志社、少年宫选出资深的教授、编辑和具有丰富教学经验的小学教师组成项目顾问团，其成员共同设计课程、编写教材、培训科普辅导教师。第二阶段是对科技教师进行专业培训。由专家对 100 所参与学校推荐的具有教学经验的优秀科技教师进行两期培训，指导科技教师如何加强航空知识的教学。培训结束后，参加培训的科技教师会进行结业考试，合格者获得本活动的授课资格。第三阶段会在学校开展航空知识普及课程。由科技教师向学生现场授课，内容包括教授航空知识及飞机模型的制作。第四阶段是航空知识夏令营。该夏令营活动已组织学生参观酒泉卫星发射中心、上海世博园航空馆、西安阎良国家航空高技术产业基地、首都机场 T3 航站楼等地。第五阶段在教学期满后，举行各种航模竞赛[34]。作为"放飞梦想"活动的年度收官大作，也是"放飞梦想——波音航空科普教育项目"的系列活动之一，"波音少年航展"从 2012 年起开始每年组织各学校的学员代表进行比赛交流，总结和检验全年的教学成果，是展示青少年在"放飞梦想"活动中收获的一个"舞台"[35]。

"放飞梦想"的阶段性成果

活动最初的 5 年中，波音（中国）公司主要与学校合作，定点开展航空科普教育活动。至"放飞梦想"活动开展的第三年，即 2011 年，北京市已有 172 所小学的 200 多位科技教师参加了航空科普课程教学培训，2 万多名小学生参与了科普知识的学习及航空模型的制作与试飞活动，并在北京地区持续开展的基础上，进一步把活动范围扩展到西安等地，活动开始真正成为逐步覆盖全国的航空科普教育活动。

2015 年，即北京国际航展 30 周年，"波音少年航展"来到北京国际航展，为青少年提供了参加航空业盛会的机会，能够近距离感受航空的魅力。"波音少年航展"内容包括"放飞梦想"活动 5 周年的静态展示，也包括学生喜欢的模型涂装比赛及飞机模型绕杆飞行比赛等项目。

截至 2018 年年底，"放飞梦想"活动已累计惠及全国 12 个省区的逾 12

万名青少年；活动共组织 45 场公开课，70 余次教师培训，3600 余人次科技教师接受培训。累计配发教材和模型套材各 12.35 万套；51 所学校把活动教材列为校本教材，42 所学校计划使用校本教材，获得 4 余万课时的积淀。"放飞梦想"活动已全面覆盖北京 16 个区的 185 所中小学，并拓展到天津、陕西、西藏、四川、河北、贵州等地。与此同时，"放飞梦想"活动与中国科技馆合作，借助科技馆的平台让更多的中小学生参与其中。

（四）其他开展科普工作的民间机构

随着航空科学技术的发展及国家对航空科技教育的支持，航空科技教育民间机构逐步兴起，并以多种形式创新发展。例如，2007 年，由广东潮州市潮安区民营企业广东精益礼品公司建成的潮安区青少年航天航空科技教育基地（简称"潮安基地"）正式对外开放。作为粤东第一家飞机模型专业生产厂家，广东精益礼品公司已经营几十年。公司深刻意识到，现代航空航天科技的发展是综合国力和国防实力的重要标志，为实现航空强国目标而开展航空科普教育，对培养发掘后继人才具有不可或缺的重要性。责任心使然，在经费不足的情况下，该公司以厂房抵押贷款三百多万元，成立潮安基地作为集航空航天科技、学生校外实践教育、学生研学游、国防和爱国主义教育的大课堂，并填补了粤东地区航空航天科学教育方面的空白。

2013 年注册成立的北京启智荣和教育科技有限公司（简称"启智荣和"）是北京市最早从事航空航天科学教育和创客教育的机构之一。该公司以航空航天科学教育为特色，专门从事航空航天、模拟飞行、遥控飞行、无人机、人工智能等 STEM 教育和创客教育课程的研发、教学及科普工作，集研发、生产、销售青少年科技教育产品，提供配套教育服务为一体。启智荣和先后为北京市第四中学、清华大学附属中学、北京市第五十七中学、北京理工大学附属中学、黄城根小学、首都师范大学附属小学等百余所学校量身定制包括科学课程、科技活动、专业航空航天科技教室、创客空间教室、科技竞赛等学校科技整体规划在内的全方位科学教育解决方案，并提供全方位的科学教育服务。

　　我国的航空科普工作，由最初仅由航空运动部门开展，到中国航空学会及各地方航空学会等少数专业机构加入，逐步扩展至全国各相关机构共同参与，覆盖政府部门、中国航空领军企业、航空科研院所、学术机构和协会；也由最初的"单打独斗"，到现如今的强强合作，使我国航空科普呈现出百花齐放的局面。

第三章　特色航空科普活动的开展

航空科普的工作形式和渠道多样，丰富多彩的科普活动是其中便捷、有效、接受度更高的一种形式。我国航空科普工作开展 70 多年来，已经形成了很多独具特色的航空科普活动。传统的航空科普活动主要是航空模型运动与航空夏令营，随着社会发展和航空科学技术的发展，又出现了许多新颖的航空科普活动，为公众，特别是青少年所喜爱。

一、航模运动的发起和推广

航空模型运动兼具竞技、教育、科普、娱乐和应用等功能，其中的教育功能具备航空科普的作用。由于这项运动内涵的特殊性，即运动的参与者要自行设计和制作模型飞机，参与者的运动成绩由其操纵放飞的模型飞机的飞行表现来确定，从而决定了这项运动所独具的动手与动脑相结合、脑力与体力相结合的特点。这一特性也决定了航空模型运动能够同时实现"了解必要的科技知识，掌握基本的科学方法，树立科学思想、崇尚科学精神"的科学普及的目标。

航空模型运动出现在 20 世纪初期。19 世纪后期，人类探索航空的重点由气球转向重于空气的飞行器——飞机。到 1903 年，飞机的性能极差，不但速度低，稳定性也很不好，飞到空中危机四伏，需要通过模型飞机进行研究、试验、改进和完善。模拟飞行器的初步成功，使学习和研究飞机的队伍迅速扩大，也引起了许多人对模型飞机的兴趣。20 世纪初，在发达国家开始出现航空模型运动，为这些国家造就了许多航空人才和科技人才，发挥了航空科普的作用。我国在 20 世纪 30 年代后期才出现小规模的民间航空模型活动，比西方发达国家晚了 20 多年。当时没有常设的全国性航空模型运动机构，基层活动属于自发性质，参与航空模型活动的人数也不多，技术水平和模型器材都很落后，我国的航模运动处于萌芽状态。

（一）新中国成立初期航空模型运动的推广

新中国成立以后，中央人民政府十分重视和提倡航空模型运动。1952 年成立中央国防体育俱乐部，后更名为中国人民国防体育协会，其任务是在人民群众中普及军事技术知识，进行国防教育，储备军事人才，培养国防后备力量。航空模型运动被列为首批重点国防体育项目，有组织、有计划地开展起来，其发展势头超过许多发达国家。1956 年，新中国第一届航空模型竞赛在北京举行，此后，每年都举办全国性的航空模型比赛，20 世纪 60 年代比赛中断，1978 年恢复全国性比赛[36]。

1. 航模运动开始有组织地开展

航空工业建设初期，航空模型运动作为有效而低成本的科普手段，以其浓厚的趣味性和广博的知识性吸引众多爱好者。中华人民共和国成立后，不少地方就积极开展航空模型普及活动，如北京市在 1949 年学生运动会上组织过航空模型表演；1950 年 10 月，在北京举行的中国人民解放军英模战绩展览会上进行了航空模型表演。

此后，我国开始有组织、有领导地开展航空模型运动，并迅速得到普及和提高。上海、天津、广州、武汉、重庆、成都、济南、昆明也举办有航空模型活动……随着 1952 年中央国防体育俱乐部的正式成立，以程之远为组长的航空模型运动工作组正式成立，新中国的航空模型运动开始有了固定的全国性的统一领导机构，从而进入新的发展时期[37]。

2. 北京航空模型工作委员会指导活动

1951 年 11 月 24 日，新民主主义青年团团中央（简称"青年团中央"）书记冯文彬同志在向周恩来总理提交的一份关于开展军事体育工作计划的报告中，提出重点试办方针说明，"首先以北京为据点，从小做起，吸取经验后，再向全国大中城市推广。计划明年内在北京开展航空模型制作等9个项目"。当年冬天，青年团中央军体部和北京团市委军体部联合举办"北京市航空模型业余短训班"，学员都是来自北京60多所中学的学生。该班结束后的1952年上学期，北京市65所中学成立航空模型组，北京市中学航模组人员达4200人。在此基础上，1952年4月成立北京航空模型工作委员会（简称"航模工作委员会"），其成员由团市委军体部、少年部、北京市学生联合会的代表和航模积极分子组成，受北京市体育分会领导。

航模工作委员会除指导各学校航模小组活动外，还负责大型航模活动的组织，如开展宣传、组织竞赛、促进技术提高等方面的工作。在各学校组织小型竞赛的基础上，北京航空模型工作委员会于1952年5月4日在天安门广场举行"北京市第一届航空模型比赛大会"，有45所中学的80名运动员参加。随后，航模工作委员会组织多次活动，仅1952年就举办了9次航空模型展览，内容有航模实物、活动图片等。有些展览还增设了初级滑翔机、航模发动机和线操纵航空模型飞机的飞行表演，观众达2万多人次，引起青少年的浓厚兴趣。

3. 航模运动逐步向全国大中城市开展

1952年8月，中央人民政府教育部、青年团中央、中华全国体育总会联合下发"关于开展国防体育活动中之航空模型运动工作指示"。文件全面叙述开展航空模型运动的意义，并要求各级体育组织、青年团组织、教育部门重视并积极支持此项活动的开展。此后，全国有条件的省市开始展开航模运动。同年8月11日至25日，华东区团工委军体部和少年部联合举办华东区航空模型干部训练班，学员主要是教师，其次是新民主主义青年团干部和在校高中学生；1952年9月15日至10月5日，华北区文化教育局、青年团工作委员会、体育分会联合举办华北区航空模型活动训练班，其方式包括举办展览、召开座谈会，组织电影、表演等；天津市于1952年暑期举办航空模型训练班，学员来自22所学校共92人，同时成立天津市航空模型指导委员会。还有很多地区采取派干部直接到不同城市去办训练班的办法来开展航模活动。

1953 年 3 月 10 日至 15 日，中央国防体育俱乐部在北京召开"全国航空模型工作汇报会议"，会议指出 1953 年的工作方针是"抓点顾面，稳步开展。首先以北京和大行政区所在城市为重点，深入总结基层活动和城市领导活动的经验，以指导其他城市稳步开展"。会后，中南区以武汉、广州、南昌 3 个城市为重点开展活动；西南区在成都、重庆、昆明、贵阳、雅安、自贡等 6 个城市举办航模训练班，使这些城市开展航模活动有了骨干人员；西北区以西安为重点开展活动，在 7 所中学、2 所小学举办训练班，学员有 37 人；华东区和华北区原本航模运动开展的范围较大，但多数城市未能巩固并坚持下来，只有大城市的航模活动没有停止。

到 1953 年年初，在各大行政区推广航空模型运动的过程中，共举办各类航模训练班 53 期，培训骨干 3939 名，举办展览会、比赛、讲座、表演等活动 75 场，参与的观众或听众达 60 多万人次，开展航模活动的大中城市有 53 个。其间历经短暂的滑坡现象后，经过及时调整，1955 年下半年，航模运动呈稳定发展态势。13 个重点城市的体委成立国防体育科（组），并配备干部，这些城市利用学校寒暑假期举办辅导员讲座班，系统参加学习者达 3321 人。推广航空模型活动取得重大进展，使新中国航模运动达到空前的规模，在全国产生较大的影响，特别是在青少年中掀起开展航空模型活动的高潮。

不过就全国范围来说，我国的航空模型运动仍然没有超出自发状态，所以活动人数少，组织不稳定，活动多半是临时性的，各地的活动之间没有联系。虽然在 1959 年举办第一届全国运动会之后，航空模型运动列入全国运动会竞赛项目，但之后就出现了严重的经济困难。1960 年，根据中央精简机构的精神，航空模型运动的组织机构也进行大规模的紧缩，使全国航空模型俱乐部由 103 个减少到 39 个，人员也相应减少，基层航模活动进入低潮。

（二）1966—1976 年的航模活动

在 1974 年前后，全国许多城市和农村的中小学先后建立航模学习小组，开展青少年航空模型活动。这在艰难时期为培养青少年德智体的全面发展，丰富课余生活，起到积极的作用。

1.分布在全国各地的航模小组飞行表演

在北京，地坛小学的航模小组于1972年6月成立，学生自己动手制作航模材料。上级领导对此也十分关心，帮助添置了必不可少的器材，又得到兄弟单位的大力支持，就这样，地坛小学的航模活动蓬勃开展起来。航模小组的学生通过一年多的认真学习，制作了200多架模型飞机，并为广大青少年、学校附近的工农兵群众及外国来宾成功地进行了40多次飞行表演。航模小组活动既增强了学生学习科学知识的兴趣，又提高了学生的思想觉悟；促进了文化课的学习，又丰富了学生的课外生活。地坛小学经常开办短期训练班，以便让更多的学生参与这一有意义的活动，掌握一些基本航空知识[38]。

在沈阳，1972年寒假，沈阳市第八十八中学三年级一班组织当时学校第一个航模小组，还定期出版《航模简报》，并放映自编自绘彩色幻灯片《银燕展翅飞》和《模型飞机是怎样制成的》，大力普及航模知识，有力地推动了全校国防体育活动的开展，并在此基础上成立航模队。在学校党团组织积极领导和家长的热情支持下，航模活动越搞越活跃，越搞范围越广，使航模活动有了比较广泛的群众基础。航模队员运用自己试制成功的弹射滑翔机、牵引滑翔机、"自由飞"模型飞机等先后在沈阳市和其他地区进行多次飞行表演，受到观众的热烈欢迎[39]。为推动青少年航空运动的开展，支持和协助中小学生开展有益的课余活动，沈阳市体委决定以沈阳市第八十八中学航模队为基础，成立沈阳市航模队[40]，1974年6月下旬，在时机成熟的情况下，沈阳市铁西区体委、区教育局等部门还联合主办了一次中小学航空模型比赛[41]。

2.以比赛推动航模活动

在上海，航模活动在中小学中普遍开展。1973年8月，为推动上海市中小学航空模型活动的进一步广泛开展，在上海市少年宫举行中小学生初级航空模型竞赛，从而对于丰富上海市少年儿童的课外生活起到了积极的作用[42]；1974年8月23日至25日，共青团上海市委员会和有关单位联合举办上海市中小学航模比赛[43]，以丰富中小学生的课余生活。

在成都，金牛区新红村小学邀请太平村小学、六九信箱子弟校等单位，于 1973 年 10 月 28 日在太平寺机场举行弹射模型滑翔机友谊邀请赛，这次比赛为航模运动的进一步发展打下了良好的基础[44]。成都市航模辅导站在市体委的领导下，于 1974 年 1 月 19 日到 2 月 10 日举办中小学航模训练班，不仅提升学生的航模理论知识，而且大大提高了他们制作模型飞机的技能和飞行技巧。在训练期间，训练班还对参加学习的小学教师组织座谈，互相交流在学校开展和辅导航模活动的经验[45]。

其他省市也先后开展不同的航模活动。例如，武汉市青少年宫于 1974 年5 月 4 日举办中小学航空模型（弹射模型滑翔机）邀请赛，为一些学校开展航模活动培养了骨干，对学生在德智体诸方面的发展，起到一定的促进作用[46]；1974 年年底，广州市东山区教育局、东山区体委联合举办 1974 年广州东山区小学航空模型友谊赛，对充实少年儿童的课外活动，培养学生全面发展起到促进作用[47]。

航模活动不只在学校开展，其他地区和场合也会有航模运动的身影。1975 年 9 月，中央确定在北京饭店举办第三届全国运动会，航模运动由于尚在恢复过程中，被列为表演项目，由国家体委和北京军区高射炮部队靶机组联合组成航空模型表演队，先后在北京沙河机场、怀柔水库、空军司令部、北京航空学院、北京体育学院等地，举行航模表演队与跳伞等项目，一起或单独举行了 18 场次大型表演，观众共达数十万人之多，向广大人民群众进行了广泛宣传，扩大了影响力，有利于航模运动的恢复和发展。

（三）改革开放后的航模运动

改革开放以来，随着国家经济形势的好转，航模运动获得了新生。1978年 9 月 8 日至 22 日，太原市殷家堡机场太原航空运动学校举行了当时我国航模史上规模最大的一次全国航空模型比赛大会[48]，昭示着我国航模运动迎来了新的曙光。

1. 中国航空模型普及指导委员会成立

1983 年，全国体育工作会议进一步决定，航模运动等项目组建专业性运动队，划归有关的体育工作大队和航空运动学校领导，以适应体育竞赛要求。至此，航空模型运动从恢复转入竞赛体制，并展开一系列航模竞赛活动。1985 年，国家体委、国家教委、中国科协在山西大同联合举办第一次全国青少年航空模型比赛，自此在全国每年至少举行 1 次青少年航空模型比赛作为普及项目；1986 年 8 月 18 日，中国航空模型普及指导委员会正式成立，负责全国航空模型运动的组织、协调、推广与发展，该委员会隶属于中国航空运动协会（简称"中国航协"，1978 年 10 月加入国际航空联合会）；1992 年，国家体委、国家教委、中国科协、团中央、全国妇联联合主办第一届"飞向北京"全国青少年航空模型比赛总决赛（1999 年起，此项比赛改名为"飞向北京、飞向太空"全国青少年航空航天模型比赛，简称"飞北"赛）。作为一项高品质的知名品牌科技体育赛事，"飞北"赛在向广大青少年推广航空科普知识方面发挥了重要作用，成为一项吸引各地中小学生踊跃参与的航空科普教育活动[49]。

2. 航空模型运动面临转型

在改革开放的形势下，从 1982 年起全国体育系统进行体制改革，取消军事体育的名称，原军事体育项目与田径、球类一样，同属竞技体育项目。1982 年 4 月，国家体委撤销军事体育局，航空运动项目隶属于国家体委训练竞赛一司[50]，并明确航模运动为运动竞赛项目。航空模型研究室并入国家体委无线电运动学校，更名为航空模型教研室。同期，各省、自治区、直辖市体委的军事体育处相应撤销，航模运动作为竞技体育项目由竞赛训练部门领导。

20 世纪 80 年代中后期，受奥运战略的影响，航模运动被列为国家三类项目，航模专业队员的人数直线下降，出现航模运动大滑坡。1989 年，开始推行的"奥运争光"战略使我国航空早教工作从主管明确向模糊转变，全国从中央、地方到学校的完整管理体系快速瓦解，机构撤销、人员遣散，各省航模队建制保有数不足 15%，仍由官方组织航模竞赛等活动的省份不足 10%，几乎全部省级航模队终止正常训练工作[51]。

1993 年 5 月，国家体委就加速体育改革作出重要决定，航模运动之后不再列入全国运动会项目。为了适应这种变化，国家体委决定对航模运动等项目实行学会制管理，1994 年 4 月 29 日，国家体委正式成立航空、无线电模型运动管理中心（简称"航管中心"），下设航空、车辆模型部，主管航空模型、航天模型和车辆模型等项目。该中心的成立，标志着航模运动将开辟一条艰巨的历史性道路。

3. 科技创新比赛逐步替代竞技比赛

航管中心正式成立后，地方航空模型改革虽然有所进展，但仍然存在很多普遍性问题，一些关系依然没有理顺。

为解决这些问题，1996 年 1 月 30 日至 2 月 1 日，"全国模型、无线电运动项目改革发展研讨会"在河南安阳召开。同年 8 月 29 日，国家体委办公厅转发研讨会文件《关于模型、无线电运动深化改革的意见》提出，以普及为主，大力开展各项活动。积极开展形式多样的群众活动，吸引更多群众关心并参与活动是这些项目的宗旨，以此得到社会的承认和支持，才能形成广阔的市场。

上述文件反映了这些模型、无线电项目从计划经济到市场经济转变的必由之路。由于原来的经济体制不适宜高校航空模型活动的发展，我国航空模型竞技运动的主力军逐步从新中国成立初期的航空院校，到后来省级单位专业队。科技创新比赛逐步替代竞技比赛进而重新进入高校、工厂和科研单位，以改变航空模型运动的社会文化构成，给航空模型运动增添生力军并带来新的活力[52]。

随着传统航空模型比赛逐步被科技创新比赛所替代，如群众性科技体育航模比赛"深南电路杯"全国航空模型公开赛、全国青少年模拟飞行比赛、全国青少年无人机大赛、轻型飞机创意设计大赛、无人飞行器创新大奖赛等科技创新性比赛，都为贯彻落实《全民科学素质行动规划纲要》，提升我国青少年科学素养，激发青少年航空兴趣，培养航空创新后备人才发挥了重要作用。

4. 全国青少年无人机大赛引领青少年科技教育

全国青少年无人机大赛是由中国航空学会主办的面向全国青少年的无人机专项创新赛事。全国青少年无人机大赛自 2017 年举办第一届以来，一直积极响应国家号召，按照教育部的有关要求，致力于不断加强大赛的科技性，同时为了吸引更多青少年的关注，不断拓宽趣味性和观赏性，体现出不同于其他赛事的独特性。全国青少年无人机大赛把赛事与学校科技实践教育密切结合，强调参与的广泛性。经过近几年的成功举办，全国青少年无人机大赛现已成为我国青少年科技教育领域最具权威性、专业性和影响力的科普活动之一。

历届大赛总参赛人数累计逾 10 万人次，自 2020 年起连续入选教育部赛事活动"白名单"，已成为我国青少年无人机领域具有权威性、专业性、公正性及影响力的全国性比赛。活动旨在提升青少年的动手、动脑能力，激发青少年探索航空未来的创造力与想象力，促进青少年人工智能学习的积极性，在人工智能时代背景下培养航空创新后备人才，为实现中国航空强国梦奠定基础。2022 年 9 月，大赛凭借多年来的高质量、好口碑及良好导向，再次入选教育部发布的《2022—2025 学年面向中小学生的全国性竞赛活动名单》。

为保障大赛的公平性、公正性和可持续性，中国航空学会组织专家团队制定科学严谨的比赛规则，组建由权威专家组成的仲裁组和裁判组，培养了一批裁判员团队和一线的中小学科技教师，为未来航空科普事业的发展打下坚实的基础。大赛通过连续举办，不断激发青少年对无人机的兴趣和对航空探索的梦想，直至专业方向的选择和最终就业，真正为实现中国航空强国梦源源不断地输送人才。中国航空学会紧盯国家政策导向，在教育部大力推广人工智能时代编程教育的大背景下，比赛内容根据国家政策作出及时调整，加入大量与机器人编程相关的人工智能内容，使整个大赛体系更具智慧性、更有创意、更有趣。大赛不仅得到广大师生的赞誉，也受到来自院士、专家的高度关注和肯定 [53]。

可以看出，随着航空科学技术的发展，作为航空普及方式的传统航空模型运动项目逐步被模拟飞行、无人飞行器、无人机等具有现代技术支撑的新型赛事所取代。

二、航空夏令营蓬勃发展

在中国，夏令营自新中国成立后经历了一段漫长的发展期。中国少年先锋队（简称"少先队"）建队之初，第一批少先队队员到苏联参加黑海夏令营，这是最早出现的新中国夏令营。当时的夏令营是由国家出资的公益性活动，免费参加。由于经济条件所限，一般只有少数优秀的学生才能参加，具有奖励性质[54]。

航空夏令营是我国开展比较早的夏令营，也一直是对青少年进行早期航空教育的重要方式，享有较高的社会声誉，对加强青少年教育，启迪航空志趣，培养航空事业后备力量具有积极意义。

（一）新中国首届航空爱好者夏令营

1956年，青年团中央委托北京航空学院、空军和国防体育俱乐部联合举办新中国首届航空夏令营。在各方大力支持下，1956年7月18日至8月10日，新中国首届航空爱好者夏令营举行，来自北京、厦门、南昌、昆明、哈尔滨、拉萨等近40个城市的汉族、满族、蒙古族、回族、藏族、朝鲜族和壮族等7个民族的338名青少年学生欢聚北京参加活动。这次夏令营的活动内容非常丰富，规模大、影响深远，《人民日报》《光明日报》等多家报纸均发布消息，《北京日报》还连续进行跟踪报道，具有开创性的历史意义。

（二）航空夏令营活动推向全国

中国航空学会及全国不少地方航空学会每年都在当地举办独具特色的航空夏令营，邀请航空航天厂所、高等院校及有关单位共同参与，得到各方人力、物力、财力的支持。从1964年到1966年，在有关省市科协的支持下，中国航空学会先后在北京、西安、沈阳等地举办青少年航空夏令营。

1. 全国科学大会后举办首次全国青少年航空夏令营

1978年3月，党中央、国务院在北京隆重召开全国科学大会，全国科学大会号召"树雄心，立壮志，向科学技术现代化进军"，科学的春天来临了。在此背景下，1978年8月，经中央批准，中国科协、教育部、国家体委、共青团第十次全国代表大会筹备委员会联合主办全国青少年航空夏令营。来自全国30个省（包括台湾省）、自治区、直辖市的23个民族的300多名优秀中学生参加了这次夏令营。夏令营营地设在北京航空学院，具体工作由中国航空学会和北京航空学院共同承办。这次夏令营的筹办规格很高，由时任副总理王震同志为夏令营开营式授营旗；并且，夏令营活动丰富多彩，内容包括举办科学讲座、组织参观、观摩航空体育运动、参加航模制作、乘飞机遨游首都上空，以及与空军战斗英雄和航空知名人士座谈等。这些活动激发了青少年学习现代科学技术的热情，培养了青少年爱科学、学科学、用科学的优良风尚[55]。此次夏令营在全国，特别是在青少年群体中影响很大，航空夏令营也成为中国航空学会为全国青少年组织的航空科普中的重要活动之一。

有些航空夏令营注定能够被载入史册并被铭记。为了庆祝全国青少年航空夏令营40周年，2018年7月21日至22日，中国航空学会联合北京航空航天大学在北京举办了"一九七八年全国青少年航空夏令营四十周年纪念活动"，活动以"与改革开放同成长，与祖国发展共奋进"为主题，通过展示当年夏令营营员40年间的成长奋斗历程，以爱国、奉献为主旋律，引导当代青少年树立正确的世界观、人生观、价值观，不断增强社会责任感和使命感，激励广大青少年为实现中华民族伟大复兴的中国梦而努力奋斗[56]。

2. 人数创新高的1984年"全国航空夏令营"

1984年，由各地方航空学会联合举办的全国航空夏令营是新中国成立以来规模最大、参加人数最多的一次全国性青少年航空夏令营，共有24个省、自治区、直辖市的13个民族的5000名青少年参加。夏令营分北京、上海、江苏、江西、辽宁、陕西、黑龙江、湖南、贵州、四川等10个营区，统一开营仪式在北京举行。这次夏令营的活动内容包括参观航空工厂、院校、机场和观看飞行跳伞表演，举办以航空科普为主要内容的讲座，制作航空模型，并举办表演和比赛，以及乘机活动、跳伞活动等。夏令营还对青少年进行爱国主义、革命传统方面的教育，邀请领导模范、战斗英雄和科学家作报告；

开展"五讲四美三热爱"①活动。这次夏令营激发了许多营员立下追求航空事业的志向 [57]。

3. 得到全社会支持的 1988 年"全国航空夏令营"

为把航空夏令营活动推向全国,中国航空学会于 1988 年报请航空航天工业部、空军、海军、国家体委,联合下发《关于支持和协助中国航空学会举办航空夏令营的通知》。该活动得到各地政府、军队及高校等单位的热烈响应。1988 年 7 月 18 日,中国航空学会联合在北京的会员单位举办了 2000 人的夏令营活动,得到有关方面的重视和支持。中国国际航空公司提供波音 747 客机供营员乘坐;空军博物馆、国家体委航空处、北京航空航天大学等分别承担接待参观、组织航模活动、跳伞及知识竞赛等活动。这次活动内容丰富,组织有序,而中国航空学会经费支出仅相当于 1984 年同等规模夏令营的七分之一。

(三)航空夏令营经久不衰

到 20 世纪八九十年代,航空夏令营这一活动趋向成熟。在中国航空学会的组织和示范下,各地航空学会也都在当地举办夏令营,邀请航空航天厂所、高校及有关单位共同参与,得到不同方面的支持。组织夏令营的地方学会逐年增加,1988 年有 10 个省市学会组织夏令营,1991 年和 1992 年有 11 个省市学会组织举办;参加夏令营的人数也逐年增加,1988 年至 1992 年,全国参加航空夏令营的人数达 10 万以上。夏令营的形式和内容也在不断创新,除航空夏令营外,相关的营地活动还有飞行夏令营、微机夏令营、科技夏令营、国防夏令营、滑翔夏令营、育飞夏令营等,得到社会的广泛支持和好评,航空夏令营也成为全国经久不衰的科普活动。

1997 年,为庆祝建军 70 周年,中国航空学会和中央电视台(现为"中央

---

① "五讲四美三热爱"是我国 20 世纪 80 年代的经典口号。五讲:讲文明、讲礼貌、讲卫生、讲秩序、讲道德。四美:心灵美、语言美、行为美、环境美。三热爱:热爱祖国、热爱社会主义、热爱中国共产党。

广播电视总台")等共同举办"1997 国防（航空）夏令营"，共组织了 12 个省市的分营，有 4000 多名青少年参加。夏令营内容丰富多彩，包括参观瞻仰革命历史博物馆、抗日战争纪念馆、军事博物馆、科技馆等，也有打靶、跳伞、制作航模等实践项目。作为延续，1998 年 7 月底，中国航空学会继续承办了"1998 北京国防（航空）夏令营"。

为了向青少年普及航空知识，加强德育、智育和综合素质教育，丰富青少年的暑假生活，各省级学会之间也会联合组织异地夏令营，从而实现航空夏令营的多方交流。2001 年 7 月，中国航空学会与北京航空运动协会共同为来自上海、四川和贵州的 200 余名中小学生在北京举办了两期航空夏令营，以激发他们对国防事业的浓厚兴趣；湖北学会于 2000 年、2002 年暑假期间分别在北京、上海举办航空科技夏令营，共有 522 名学员参加，得到参与学生和家长的充分肯定；2004 年 7 月至 8 月，在北京举办航空科技夏令营，分别接待来自上海、四川、江苏、江西等省市的近 300 名营员参加航空科普活动；2010 年 7 月 26 日，中国航空学会与江苏省航空航天学会在北京航空博物馆举办 2010 年航空科技夏令营……学会之间在活动中互相交流学习，取长补短，更好地发挥了航空夏令营活动的作用。

毫无疑问，以夏令营形式开展的航空科普活动为我国的航空事业吸引和培养了一大批人才。有的航空夏令营营员后来写信提道，"通过参加夏令营活动，（让）我们对航空有了了解，并立志投身我国的航空事业。我已经考上航空院校，如愿以偿，向老师汇报"。这样的信件几乎每年都有不少[58]。夏令营活动得到社会支持，从而成为经久不衰的科技活动。航空夏令营规模也不断扩大，形式不断创新，主题和内容更加丰富多彩，深受广大青少年的欢迎和社会各界的重视。

三、航空展览促进科普与产业相结合

展览本来是产业营销的重要手段，而在航空展览中，不论是实体展览、模型展览，还是仅提供图片来展览，作为一种向公众进行科学传播的手段，即便是汇报型展览，航空展览都会具有一定的科普功能，是一种灵活、便捷、有效的航空科普形式。

（一）新中国成立初期至 20 世纪 60 年代的航空成就展

新中国成立之初，处于摸索阶段的航空事业，虽然鲜有闪亮的成果，但为了向祖国人民汇报航空工业所取得的阶段性成就，为了增强国人的自信心，仍有少量航空工业成就方面的展览，其特点是展品数量少、展览规模小，其目标人群范围相对狭窄而固定，重点人群为国家领导人。

1. 航空工业局组织航空工业展览

为迎接中国共产党第八次全国代表大会召开，在二机部展出工作委员会的领导下，航空工业局组织举办了一次航空工业展览，展示我国第一个五年计划期间航空工业的成果及第二个五年计划的战略部署。展会上分别把飞机、喷气式发动机、活塞式发动机等照片分 3 个展馆展出。从 1956 年 9 月 28 日预展到 11 月 18 日结束，共接待观众 1.2 万余人次，其中中国共产党第八次全国代表大会代表 897 人次，中央各部委观众 6000 余人次，部属机关、厂、校观众 4000 余人次。

后来展览移到中南海瀛台，毛泽东、刘少奇、朱德、彭德怀、聂荣臻、罗荣桓、徐向前、粟裕、徐特立等领导人先后参观该展览。展览期间，毛泽东主席多次来到展厅了解情况、听取汇报，十分关心航空工业的成长与发展。1958 年 6 月 6 日下午，毛泽东主席在一机部部长赵尔陆、航空工业局副局长徐昌裕的陪同下来到展览的飞机馆；7 月 2 日，毛泽东主席再次来到展览现场，听取了航空工业情况汇报[59]。在参观过程中，毛主席看到我国自行制造的第一架喷气式飞机时，十分高兴，他鼓励航空工业要自行设计飞机，提出"要破除迷信、解放思想，要自力更生，要有自己的航空工业。要从仿制开始过渡到自行设计，不能老照葫芦画瓢，要培养自己的飞机总设计师，要搞自己设计的飞机"[60]。这一指示，为我国的航空工业的自立自强树立了信心，指明了方向。

2. 中国航空研究院科技新品展览会

中国航空研究院（1961年组建）也有相关展览向国家领导人汇报。1966年12月25日，中国航空研究院在北京北苑举办"三机部六院①航空科技新产品展览会"，成为这一时期为数不多的航空展览会。朱德同志在参观展览会期间欣然题词，"毛主席说，中国人民有志气、有能力，一定要在不远的将来赶上和超过世界先进水平"[61]。

汇报型航空工业展览属于小众型航空展览，普及受众范围狭窄，但代表了当时中国航空工业的最新进展，也为进一步面向大众提供了可能。

（二）改革开放以来的普及型展览

改革开放以来，我国的航空科普以多种形式蓬勃开展。举办展览，是科普活动的一种灵活有效的方式。直接向公众展示航空实体或航空模型及图像，航空展览成为最普遍且便捷的普及方式之一。

1. 航空科普橱窗

通过橱窗开展航空科学知识普及是我国相对较早开展的航空科普形式。例如，中国航空学会和北京航空学会联合主办北京西单航空科普画廊。1982年展出的以"民用航空为四化服务"为主题的航空科普画廊，获北京市优秀科普一等奖第二名；1983年展出的以"现代军用飞机"为主题的航空科普画廊和1984年展出的以"古代中国人民对航空技术的贡献"为主题的航空科普画廊，均获得北京市优秀科普橱窗一等奖第一名。

2. 航空模型展览

在航模运动风靡全国之际，航空模型展览也广受欢迎，并得以进一步普及，尤其在20世纪80年代展出频次颇多。1981年10月，在北京市少年宫举办"飞机像真模型观摩展览和航模器材展销会"，展出简易纸制像真模型、微型像真模型和精密木制像真模型共300余架，参观者达3.6万多人次，其中

---

① 三机部六院指当时第三机械工业部第六研究院，即后来的中国航空研究院。

约 75% 为青少年。1986 年 5 月，中国航空学会、九三学社、北京航空学院共同发起，由 19 个部门和单位联合在北京航空馆举办"航空航天器实体及模型展览"，展出 150 架飞机模型、30 余架中外著名真实飞机，中国自行研制的人造卫星，以及美国航天飞机"挑战者"号模型等，吸引了数以万计的观众。1989 年 5 月 28 日至 6 月 2 日，中国航空学会与北京航空馆、怀柔县科学技术协会、北京航空航天学会联合在北京市怀柔县（现为怀柔区）举办"世界飞机模型展览"。当时的模型展览对激发青少年的航模运动兴趣具有非常重要的意义。

3. 航空工业成就展

1984 年 8 月 31 日，为庆祝新中国成立 35 周年和中国航空学会成立 20 周年，中国航空学会与《中国大百科全书·航空航天》编委会、中国宇航学会在北京美术馆联合举办"中国航空航天图片展览"，展览展出了近 500 幅照片及部分实物和模型，再现我国航空工业由小到大、从仿制到自行研制的艰苦奋斗历程。这是我国第一次向公众公开展出中国航空航天事业的成就，参观人数达 6 万人次。1985 年至 1986 年，中国航空学会又组织了"中国航空图片巡回展"，在西安、襄樊（现为襄阳市）、南京、常州、无锡、南昌、贵阳、安顺、长春、哈尔滨、沈阳、秦皇岛等 12 个城市进行巡回展出，参观人次达 14 万。

1997 年 4 月，中国航空工业成就展在香港开幕，当地新闻报纸连续用大量篇幅与照片报道这次展览会的盛况，香港各界普遍称赞这是 1997 年香港回归前最具轰动效应的爱国主义宣传活动。

2009 年 1 月，在中国航空百年和中华人民共和国成立 60 周年之际，中国航空工业走向世界成就展在北京展览馆开幕。展览由中航工业集团主办，集中展示了中国航空工业对外开放和走向世界的历程，以及为我国国防建设、国民经济发展及维护世界和平等方面所作出的贡献。

改革开放以来的航空工业成就展向全社会展示了我国航空工业所取得的成就，让全国人民更加清晰地认识到航空的魅力，其良好的普及宣传作用也有利于航空事业的发展。

4. 纪念专题展览

不失时机地利用各种航空纪念日宣传航空事业、普及航空科学技术知识，是我国航空科普的一种重要形式。1999 年 6 月，中国航空学会与广州市天翔科技发展中心共同举办"中国航空九十年巡回展览"。除在广州展出外，还到佛山、杭州、绍兴、合肥、武汉、郑州、石家庄、沈阳、西安、北京等地巡回展出。巡回展览回顾了中国航空 90 年来从修理、仿制到自行研制所走过的艰辛历程，史料翔实、内容丰富，受到人们广泛欢迎。此后，双方多次合作，先后共同主办中国航空 90 周年展览（2000 年）、"迈向 21 世纪的中国航空"展览（2001 年）。

2003 年，为纪念美国莱特兄弟发明飞机 100 周年，当年 9 月，由科技部、国防科工委、空军、海军、中国民航局、中国科协、中航工业第一集团和中航工业第二集团等 9 大部委联合主办，中航国际展览有限公司和中国航空博物馆联合承办的"飞翔的文明——航空百年回顾展"在中国航空博物馆开幕[62]。该展览通过回顾 100 年来航空发展历程中的重大事件、人物、典型飞机和精密仿真模型机的介绍与展示，让观众在有限的时间和空间内，跨越百年时空，饱览一百年间飞机发展的历史。

而我国当时宣传中国航空发展史和普及航空科学技术知识的最全面和最系统的展览则是 2009 年举办的"龙腾东方——中国航空百年展"。为纪念冯如首飞暨开创中国航空事业 100 周年，为庆祝新中国空军和中国民航局创建60 周年，2009 年 11 月，由空军、中国民航局、中航工业集团、中国航空学会联合在中国航空博物馆举办"龙腾东方——中国航空百年展"。该展览通过再现 100 年来我国一代又一代航空人的奋斗史，浓缩我国航空科技与航空装备、民用航空事业、航空武装力量的发展历程，向社会公众宣传中国的航空事业。这个展览按照永久展的标准，史料丰富翔实，设计具有现代风格，视觉表达富有强烈震撼力，弘扬新中国航空人"航空报国、航空强国"的精神和业绩，激励着世人关注航空、热爱航空、献身航空的志向。至 2013 年，这一展览的参观人数已达数百万人次。

（三）专业型国际航空展览

随着 1979 年航空工业第一次大规模公开亮相于第四十五届春季广州交易会，我国航空展览逐步走上国际展览的舞台。我国举办的国际航展比较知名的有两个，一个是北京国际航空展览（即北京航展），另一个是中国国际航空航天博览会（即珠海航展），均主要面向专业人士。但与此同时，公众也对航空展览有浓厚的兴趣，所以，国际航展也发挥了重要的科学普及作用，激发公众的好奇心和潜在的探索欲。新中国的展览业一度非常落后，但在实行改革开放后，展览业发展步伐加快，到 20 世纪末、21 世纪初则得到快速发展[63]，并成为普及航空科学技术的重要形式。展览形式多样，有图片，有模型，有实体，后来互动体验与飞行表演等成为国际航空展览的亮点之一，进一步加深观众对航空领域的了解。北京航展及珠海航展，先后形成独特的品牌，并享誉国内外多年。

1. 北京国际航空展览

北京航展作为自中国改革开放以来我国举办的首个国际化专业航展，经过几代航空人的辛勤耕耘，为中国航空及航空科普事业的发展作出重要贡献。每两年举办一届的"北京国际航空展览"是我国目前第二大航展，也是国内历史最悠久的航空展，由中国商用飞机有限责任公司（简称"中国商飞"）、中国航空发动机集团有限公司、中国航空学会、北京华进有限公司联合主办，自 1984 年首次举办，后逢单年举办，至 2023 年已成功举办 20 届。

为增加航空展览的普及性和趣味性，从 2013 年开始，展览由仅在室内举行改为同时在户外举行，并举办通用航空展览，举行飞行表演、模拟飞行体验。例如，2017 年 9 月 19 日至 22 日，第 17 届北京航展集中体现了中国航空综合实力，也使中国国际航空展览成为一场不容错过的航空盛筵。此次航展以"创新引领、融合共赢"为主题，积极响应国家"一带一路"和"军民融合"战略号召，集中展示国内外航空航天科技发展成果，吸引来自全球 14 个国家和地区的近 300 家国际知名企业竞相参展 [64]。2019 年 9 月 18 日至 20 日，第 18 届北京航展期间同时举办 5 场专业论坛，以及与航空产业相关的发布会、研讨会、推介会等丰富多彩的活动。"梦想""绿色""负责任地发展"成为本届航展的关键词，从航空知识、航空科学技术对公民的普及升华到对于航空企业责任的普及，从而使主旨深入人心。

2. 珠海航展及其深远影响

航空展览，特别是国际航空展览的繁荣，不但增强了国内外航空界的交流与贸易，更为普通公众提供了解世界最新航空技术发展动态的机会，进一步增强航空科学知识的普及，提升公众的热情与好奇心。

作为我国由国务院批准、逢双年举办的综合性国际航空航天展览，珠海航展已发展成为集贸易性、专业性、观赏性、普及性于一体的、展示当今世界航空航天业发展水平的国际盛会，是中国与世界面对面的重要窗口之一，也是向公众普及航空航天知识的重要平台。珠海航展自 1996 年举办以来，已成为中国航空工业与世界航空企业学习交流、联系客户的重要纽带。

关于举办"'96 中国国际航空航天博览会"的构想早在 1992 年就已形成。到 1995 年 5 月 19 日，国务院行文正式批准中国民航局、中国航空工业总公司、中国航天工业总公司、中国国际贸易促进委员会和广东省珠海市人民政府，在珠海市珠海机场举办"'96 中国国际航空航天博览会"。

经过紧张而前所未有的筹备工作，中国国际航空航天博览会（珠海航展）于 1996 年 11 月 5 日至 10 日在珠海举行。航空企业纷纷向珠海聚拢，使之成为行业"中心城市"之一。时任国家主席江泽民同志专门为珠海航展题词，时任国务院总理、全国人大常委会委员长李鹏同志为航展开幕式剪彩。在开幕式上，担任中国航展组委会主任的国务院副总理吴邦国同志向来自世界各国的嘉宾郑重宣布，中国政府决定从 1996 年开始，每逢双年在珠海举行中国国际航空航天博览会。这是我国首次举办的大型国际性、配备大型火箭飞机实物展示和飞行表演的航展，规模宏大，举世瞩目。此届航展充分展示了我国改革开放以来航空航天领域所取得的巨大成就，汇集了世界航空航天领域最新科技成果。来自英、美、法、俄、德等几十个国家和地区的几百家航空航天厂商云集珠海，参展的各类军用或民用飞机近百架，既有波音、麦道、空客等公司生产的大型客机，也有贝尔等直升机及小型机，还有地球卫星、导弹等实物或模型[66]。

据统计，为期 6 天的 1996 年珠海航展共接待社会观众 70 万人次，专业观众 2 万人次。航空航天领域集中了人类文明的精华，珠海的名字与集中人类智慧的会展联系在一起，因而获得世界瞩目的影响力和声誉。

珠海航展以实物展示、贸易洽谈、学术交流和飞行表演为主要内容。自 1996 年成功举办首届以来，珠海航展每两年举办一次，联合主办单位众多，包括广东省人民政府、工业和信息化部、中国国际贸易促进委员会、中国民航局、中国人民解放军空军、中航工业集团、中国商飞、中国航天科技集团公司、中国航天科工集团公司，由珠海航展有限公司承办。截至 2024 年，珠海航展已成功举办 15 届，跻身世界五大航展之列，成为我国航空航天领域对外加强合作、展示发展成就的高端平台，也是全球航空航天业界沟通交流、加强合作的一个盛会[65]。

毫无疑问，现在的珠海航展已经成为珠海的"城市名片"，珠海也随之成为"世界航空航天高科技产品窗口"。珠海航展以开放、互动、科普的形式，向社会各界展示航空工业的发展历程，传播航空文化，普及航空知识，为国内外同行和热爱航空的人士架起沟通的桥梁。

历届航展的成功举办，成为珠海城市发展和产业转型的助推器，推动着珠海围绕航空产业，加快经济转型升级。随着"珠海航展"的逐渐成熟和国际声誉的不断提高，珠海在航空航天领域的改革中取得优先发展的机会，其国际影响力和声誉不断提高。持续近 30 年的珠海航展，在展示绚丽的飞行表演、日益丰富的尖端航空航天科技成果的同时，让社会各界看到航空航天产业的无限发展前景，带动一批公司和组织投身于推广航空文化的工作中，并由此推动珠海航空产业园的诞生。

2007 年，广东省发改委批准创设珠海航空产业园。自 2008 年建园以来，珠海航空产业园通过发展航空制造、航空发动机维修、航空航天博览娱乐及航空教育和文化传播，珠海航空产业园逐渐成为粤港澳地区的战略新兴产业基地，不断引进和吸纳世界知名企业入驻。珠海航空产业园从零起步、厚积薄发，展现出良好的发展态势。经过十多年的发展，珠海航空产业园在航空发动机研发、制造、飞机维修、航空教育与文化传播等方面形成一定的产业聚集，并迅速跻身国家级航空产业园之列[67]，继续发挥航空科普的作用。

四、其他专题航空科普活动

（一）中航工业集团推广通用航空文化

通用航空指的是使用民用航空器从事公共航空运输以外的民用航空活动，涵盖通用航空器研发制造、市场运营、综合保障及延伸服务等一整条产业链，如从事工业、农业、林业、渔业和建筑业的作业飞行，以及医疗卫生、抢险救灾、气象探测、海洋监测、科学实验、教育训练、文化体育等方面的飞行活动[68]。通用航空以直观形式展现在全国人民面前的情况，当数 2008 年的两次自然灾害——中国南方雪灾与"5·12"汶川地震。"5·12"汶川地震发生时，陆路交通受到严重破坏，大型救援设备无法在第一时间开进，故而通用航空在救援过程中发挥了重要作用。通用航空的作用显而易见。2010 年，国务院、中央军委联合印发《关于深化我国低空空域管理改革的意见》，而低空空域主要用于通用航空活动，这被标志为低空开放的信号，在很多省市掀起"通用航空热"。

1. 利用"通航日"提升国民通用航空意识

近年来，我国通用航空业发展迅速，特别是 2016 年 5 月国务院办公厅印发《关于促进通用航空业发展的指导意见》以来，中国通用航空业迎来新的发展机遇。通用航空也成为社会热点，航空文化氛围日益浓厚。

为贯彻落实国务院和航空工业党组相关文件精神，推动国家通航产业快速发展，为贯彻落实党中央、国务院关于军民融合和加快通用航空业发展的总体要求，传播发展通用航空产业的重大意义和专业路径，提升国民的航空意识，推动航空文化传播，从2017年起，中航工业集团把每年的5月15日定为"通航日"，并于当天通过举办系列活动的形式，逐步实现"通航日"的大众化、专业化、国际化，有力促进通用航空业的持续、快速、健康发展。

例如，2017年，中航工业集团首届"通航日"系列活动采取"1+N"的形式举办，即设一个主会场（位于北京），若干个分会场，全国联动推进实施。其间，中航工业集团和中国航空学会联合举办通用航空网络知识竞赛。竞赛以通用航空知识为切入点，内容涉及整个航空产业，采用网上答题的方式，吸引社会公众广泛参与，社会反响积极，获得有关单位和参与者的肯定。

2019年7月至10月，中航工业集团、中国航空学会再度联手，共同主办"2019全国通航网络知识竞赛"。此届竞赛在内容的深度和广度方面都有新的拓展，引发广大航空爱好者深入了解通用航空、深度关注"通航日"的热潮，为今后开展通用航空活动打下坚实的基础，并有利于提高全民关心和参与通用航空的热情。

2. 爱飞客航空俱乐部传播通用航空文化

70年多来，在国家政策的大力支持下，我国通用航空从无到有、从小到大，从城市到边疆、从陆地到海洋、从茫茫戈壁到森林草原，为国家的工农业生产和现代化建设作出重要贡献。如今，通用航空已经展现出朝阳产业和新兴文化的勃勃生机，日渐成为一种新的社会潮流和发展方向。通用航空活动具有受众面广、参与性强、感受直接、便于互动的特点，举办通用航空活动是传播通用航空文化的基本途径。随着我国通用航空的热度增加，一系列通用航空展览或主题节日活动的出现与发展，助推通用航空文化和通用航空产业的发展。

爱飞客航空俱乐部正式运营

为更好引领通用航空发展，中航工业集团引入"互联网＋"思维，与文化创意产业融合，通过"从制造业向制造业服务化转型，从掌握新技术向创意新概念转型，从掌握企业标准向打造创新平台转型，从'渠道为王'向'粉丝领先'转型"，打造了一个由众多粉丝凝聚而成的平台——爱飞客航空俱乐部。

"爱飞客"是由中航工业集团英文缩写 AVIC 的谐音引申创设的系列创意品牌之一，它是中航工业集团"互联网＋通航＋X"的创意经济品牌，是航空工业促进产业转型升级，打造创意经济的重要载体，也是航空工业全产业链战略布局与商业模式创新的重要环节。2013 年 12 月 31 日，爱飞客航空俱乐部在珠海金湾机场顺利完成中国民用航空局现场验证飞行，爱飞客航空俱乐部私人飞行驾照培训、个人娱乐飞行的通用航空服务平台初步搭建完成，筹建工作完成，进入正式运营阶段。

航空小镇项目的战略布局

正式运营之后，爱飞客航空俱乐部先后进行了一系列的体验飞行和品牌推广活动，逐步建立起客户群，以私人驾驶执照培训、个人飞行活动、飞机销售、飞机托管和航空服务为主要业务内容，为航空爱好者实现飞行梦想提供服务。爱飞客航空俱乐部成功举办一系列的推广活动，形成成熟的旅游项目和产品，为航空文化的推广作出较大贡献。

继 2014 年 8 月中国首个通用航空小镇——"荆门爱飞客镇"项目签约后，中航工业集团又与武汉、沈阳、南通、天津、重庆、北京、珠海等城市签订战略合作协议，在全国分批建设 50 个爱飞客航空综合体的战略布局初见成效。航空小镇项目以通用航空运营为依托，以航空培训和航空运动体验为特色，以通用航空器研发与制造为基础，发展通用航空全产业链，打造引领通航产业及新型城镇化发展的通用航空创意经济示范区，普及航空知识，传播航空文化，满足客户飞行愿望，帮助客户实现飞行梦想，打造为客户提供飞行及相关航空服务的综合性平台。与此同时，项目还成立航空文化传播公司，并组建国际飞行表演队，巡回举办飞行大会和通用航空展。

广东省爱飞客公益基金会

广东省爱飞客公益基金会成立于 2014 年 11 月 5 日，由爱飞客航空俱乐部出资 90 万元，中航通用飞机有限责任公司出资 10 万元，下属各单位的干部职工捐款 100 万元，共同出资设立，以"传播航空文化，实现飞行梦想"作为基金会的宗旨，致力于帮助和引导更多公众，尤其是青少年关注航空、热爱航空，助力祖国航空事业的发展。该公益基金会目前正在开展的项目包括"圆梦蓝天"航空公益科普项目，通过组建华南地区航空公益讲师团，举办了近百场航空科普活动；通过举办"通飞开放日""飞常陪伴"支教活动等向社会募集资金，在贫困地区的学校援建"公益书苑"；举办航空公益冬令营，资助更多热爱航空的青少年深入学习航空知识，培养国家航空事业的接班人；其他帮扶济困等工作。以2016年为例，爱飞客公益基金会先后开展6场大型航空科普文化进校园、进社区活动，超过6000人次受益；举办首届爱飞客航空冬令营；开展"为了孩子的飞行梦想"科普活动，为特殊学校、贫困地区的青少年开办公益课程。

　　旨在推广通用航空文化的活动还有很多。例如，中国国际通用航空大会、中国国际航空体育节、沈阳法库国际飞行大会、卤阳湖国际通用航空暨民俗文化节、安阳航空运动文化旅游节、北京延庆通用航空旅游文化节、克拉玛依航空旅游节等活动中都会包括有通用航空飞机静态展示、动态飞行表演、体验飞行、动力滑翔伞表演、翼装飞行表演、航空论坛、文化旅游等活动，为通用航空文化普及工作开拓空间，通用航空文化的推广与普及成为当代航空科普的重要趋势之一。

（二）中国航空学会"'97飞向北京"大型科普飞行活动

　　1997年是我国历史发展中非常重要的一年。就在这一年，我国对香港恢复行使主权，社会各界对此展开各种各样的迎接和庆祝活动。在我国民间有一批热心航空科普事业和飞行活动的积极分子，虽然曾组织过几次飞行活动，但有组织和规模较大的民间飞行活动还是很少。1996年，第一批航空爱好者就酝酿利用"1997年香港回归"这一历史时机，组织一次规模较大的由南向北的轻小型飞机的长途飞行活动。这个想法与中国航空学会的思路不谋而合，得到中国航空学会的支持。

1.飞行活动拉开帷幕

　　1997年10月18日，中国航空学会主办的"'97飞向北京"大型科普飞行活动在广东珠海拉开帷幕，珠海国际航展公司在珠海机场组织了壮行仪式和飞行表演。这次活动得到空军、海军、中国民航局、航空工业总公司（现为中航工业集团）、国家体委等有关部门或机构的大力支持，是一次大规模、高层次的大型航空科普活动。

参加这次飞行活动的飞机从韶关起飞，途经广东、湖南、湖北、河南、河北五省，分别在珠海 - 韶关 - 耒阳 - 长沙 - 武汉 - 孝感 - 郑州 - 褡裢 - 保定 - 良乡等 11 个机场起降飞行，历时 21 天，空中航程近 2000 千米，地面总行程达 3000 千米，于 1997 年 11 月 6 日飞抵北京良乡机场，向沿途的社会公众和青少年进行航空科普教育和爱国主义教育，展示了我国轻小型飞机的发展成就，并宣传群众性的航空活动，进一步激发社会公众对航空领域的兴趣，提高民众的国防观念和科技意识。

2. 飞行活动的社会影响

"'97 飞向北京"大型航空科普活动是在香港回归祖国及党的十五大胜利召开之后举行的，是宣传全国人民在十五大精神鼓舞下奋发图强英勇迈向 21 世纪的举措。这次大型航空科普飞行活动同时引起新闻界的高度重视，新华社、中国航空报社、《航空知识》杂志社派专职记者随队跟踪采访，人民日报、羊城晚报、北京晚报、沈阳日报、中国航空报，以及港澳地区的多家报纸都作了正面报道，中央电视台和香港凤凰卫视中文台在起点和终点进行现场采访和报道，香港凤凰卫视中文台还制作了反映这次航空科普飞行活动的专题纪录片并连续播出。

此次活动组织三种不同性能的机型编队飞行，选择由南向北跨越大维度长途飞行，这在我国轻小型飞机发展史上还是第一次，对今后轻小型飞机的发展产生深远的影响[71]。首次举办规模如此大、层次如此高、距离如此远、时间如此长的航空科普飞行活动，大大提高了中国航空学会的社会地位和组织影响，同时也为中国航空学会科普工作如何适应市场经济规律，为国民经济建设服务做出了有意义的尝试[70]。

（三）中国航空学会全国航空科普文化活动

为纪念"东北老航校[①]"首飞 70 周年，2016 年 6 月 3 日，由中国航空学会和空军联合举办的"追梦起航——2016 全国航空科普文化月"系列活动正式启动。全国 20 个省、自治区、直辖市的 200 余所航空特色中小学、16 所空军青少年航空学校和 30 余所设有航空专业的高校参与此次以"空天·空防·空军"为主题的航空科普活动，空军派出由多名航空专家和飞行人员组成的报告团，在全国 30 余所知名大学和航空院校进行空天科技及国防情势演讲，同时还为参与活动的航空特色中小学捐赠上万套航空模型和 200 套青少年模拟飞行教材。为延续 2016 年的航空科普文化活动，2017 年 3 月中旬至 5 月底，中国航空学会又联合空军，在全国范围内举办"追梦起航——全国航空科普文化季活动"。

（四）通用航空主题飞行活动

通用航空主题飞行活动能够直接体验飞行的自由、激情和乐趣，感受并领悟通用航空文化的真谛，是当代传播航空文化最有效的手段之一。中航通用飞机有限责任公司把主题飞行活动作为传播航空文化、促进企业营销的重要途径之一。

在多次组织体验飞行的基础上，中航通用飞机有限责任公司于 2014 年先后在河北省石家庄市、承德市，广东省及内蒙古自治区呼伦贝尔市海拉尔区组织开展以"中国梦·通飞情"为主题的系列主题飞行活动，领略祖国的美丽风光，感受通用航空的魅力。连续四次大规模的主题飞行活动，吸引了大量的航空爱好者参与。"航空工业通飞""爱飞客航空俱乐部"官方微博和微信公众平台对活动进行直播和连续报道，同时与中国航空报、环球飞行、通用航空、飞行总动员等进行互动，中央电视台、新华社、中新社、人民网、

---

① 东北老航校是指东北民主联军航空学校，创办于 1946 年 3 月 1 日，在吉林通化成立，是中国人民解放军第一所航空学校。

搜狐、新浪、网易等媒体进行体验式报道，扩大了本次主题飞行活动的传播效果，迅速形成通用航空的关注热潮，增强了人们对飞行的热情和向往。

2015 年，爱飞客航空文化公司成立后，中航通用飞机有限责任公司分别与石家庄市、荆门市政府联合，先后在石家庄、荆门等地举办航展和飞行表演。爱飞客航空文化公司在国内通航企业中参展规模最大、机型最多，并进行飞行表演和主题飞行，从而受到广泛关注，有效地传播了航空文化。

（五）航空科普专家讲座

举办知识讲座是普及航空知识、传播航空文化的有效途径。早期航空科普讲座和报告都是特别有影响力的科学大家为青年学生所作。

1. 钱学森为青年科技人员做航空科普报告

我国著名科学家钱学森非常关心并直接参与航空科普工作，他经常为青年科技人员作报告。青年科技人员不仅深受启发和鼓励，普通公众也因此获益匪浅。

1956 年 5 月 27 日至 31 日，北京航空学院举行第一届科学讨论会。钱学森应邀到会，在该校体育馆为 1000 多名师生作了题为《航空技术展望》的学术及科普报告。他在报告中回顾了世界航空科学技术发展的历史，对流体力学、结构材料、喷气动力、新机研制等航空领域关键技术的现状与未来发展，进行深入浅出的介绍，内容丰富，语言生动，受到听众的热烈欢迎。

钱学森对年轻的科技工作者，不仅热心传授科学技术知识，而且十分重视对他们科学思想和科学方法的培养。1961 年年底，钱学森应邀在中国科学院学术会堂为北京市力学学会组织的青年科技人员作了一场精彩的报告。他以亲身经历和体会，勉励青年人要以老实的科学态度，做扎实的基础研究，特别强调要学习辩证唯物主义的思想方法，树立科学的宇宙观，勇攀科学高峰。1962 年 1 月 4 日，《中国青年报》把钱学森的这篇讲话，以《打好基础，艰苦劳动，发展祖国科学技术》为通栏标题，用大半版篇幅发表，在读者中引起广泛反响。

2. 中国航空学会组织航空知识普及讲座试点

在开展科学普及工作中，中国航空学会具有远见卓识，最早关注到科普讲座的重要性。普及性讲座，特别是在 20 世纪七八十年代，中国航空学会在全国很多地方开展航空知识讲座，并通过举办各种报告、讲座，普及并推广新科学技术，帮助广大干部、职工进行知识更新。

1975 年 10 月 21 日至 11 月 5 日，中国航空学会在西安地区组织"航空知识普及讲座"试点，组织西北工业大学师生在 6 个工厂进行了 9 次科普报告和 17 次新工艺、新技术介绍。至 1977 年，中国航空学会在两年时间内组织航空高等院校的教师和科技工作者到陕西、江苏、贵州、辽宁、北京、四川 6 个省市举办"航空知识普及讲座"，先后向 60 多个工厂、机关、部队的 5 万多名工人、技术人员、干部和部队官兵进行了近 300 场报告，并放映科普影片 150 多场，观众达 17 万人次。讲座内容一般包括两部分：一部分是介绍飞机、直升机、发动机、火箭和导弹等的基础知识；另一部分是介绍新工艺、新技术的基本知识，如数控技术、激光技术、电解加工、电火花技术、静压技术、断裂力学等。

3. 航空科学家和青少年的见面谈话会

为了激励青少年向科学技术现代化进军，树立勇攀科学高峰的雄心壮志，1978 年寒假，中国航空学会协助由中国科协、北京市科协和北京市教育局联合组织的北京青少年科技参观团到北京航空学院等高等院校和科研单位参观。除了参观活动，中国航空学会和北京航空学院还联合举办了航空科学家和青少年学生的见面谈话会。谈话会期间，北京航空学院俱乐部内座无虚席，参加同青少年见面的有我国航空界的部分专家和教授，包括沈元、屠守锷、荣科、王绍曾、王俊奎、庄逢甘、王德荣、宁榥、何庆芝等。在京航空部门先进模范人物、空军航空医学研究所研究员俞梦孙，民航老飞行员、民航北京管理局副局长徐柏龄，以及航空科学普及工作者、《航空知识》编辑部负责人谢础等，也应邀到会同青少年见面。会上宣读了著名科学家钱学森为这次见面会所写的信，"今天同学们到北京航空学院来，将会学到好多有关造飞机和发射人造地球卫星的知识……将来你们的成就会远远超过这些！"钱学森鼓励青少年学生取得更多进步[71]。荣科、庄逢甘、宁榥、俞梦孙、徐柏龄等向近千名青少年发表热情洋溢的讲话。会上放映了当时国内最新的航空航天科技电影，并邀请青少年观看航空模型表演[72]。毫无疑问，青少年在这一高端而内容丰富的见面会中深受鼓舞。

通过科普讲座与科普报告等形式，广大青少年和航空爱好者受到启发，走上献身祖国航空事业的道路。像老一辈专家史超礼、陈光、焦国力等，都面向公众作过多次科普报告。陈光作为中国科学院老科学家科普演讲团成员、北京航空航天大学老教授科普报告团副团长作科普报告；焦国力参加中国科学院老科学家科普演讲团，深入学校、书店、少年宫、图书馆等基层单位进行科普宣传，普及军事科技知识。用焦国力自己的话说，是希望"科学之光照亮大众，而非小众"。

4. 新世纪通用航空知识讲座

21世纪，我国的通用航空得到迅速发展，广大公众得以有机会接触通用航空。中航通用飞机有限责任公司通过多种方式，统筹相关资源，举办形式多样、内容丰富的通用航空知识讲座。一是举办"通航运营讲习所"。针对通用航空人才缺乏的现状，以通飞大学、通飞党校为平台，从总部机关和所属各单位抽调青年骨干，于2013年年底和2014年年初、2014年年底、2015年年中，连续举办4期"通航运营讲习所"，普及通用航空知识，培养通用航空人才。二是面向校园举办知识讲座。为了向青少年普及航空知识，中航通用飞机有限责任公司从青年飞机设计师中选拔10多位优秀飞机设计师，组成青年讲师团，并在2014年先后与教育部门合作，在珠海、广州、澳门等地中小学，举办30多场航空科普讲座。此外，还为中国民用航空飞行学院、中国民航大学等多次举办讲座。三是通过参加学术交流、论坛会议等普及航空知识。近年来，随着我国"通用航空文化热"的逐渐兴起，与通用航空有关的学术交流、论坛会议逐渐增多。

第四章　航空科普基础设施建设

科普基础设施建设的重要性首先在国家政策文件中得以体现。1978 年 3 月，全国科学大会审议通过了《1978—1985 年全国科学技术发展规划纲要（草案）》，强调"积极开展科学普及工作"，"在有条件的大城市设立科技馆、自然博物馆"。1978 年全国科学大会之后，我国的社会主义科学技术事业进入新的发展阶段。随着经济、航空工业水平的快速发展，以及社会观念的变化，科技馆建设逐步提上日程。1979 年 2 月 21 日，在邓小平和方毅等领导同志的直接关怀和支持下，国家计划委员会批准兴建中国科学技术馆，并成立了以茅以升为主任的中国科学技术馆筹建委员会，负责筹建工作。1983 年，茅以升等著名科学家在全国人民代表大会上提出加速实施中国科技馆建设的提案，得到姚依林、万里等党和国家领导人的大力支持。当年 7 月，国家计划委员会批准了中国科技馆作为国家"七五"计划的项目之一分两期建设的初步设计方案，国家"七五"计划的重大建设项目中也有了中国科技馆的一席之地，中国科技馆自此从漫长的筹建阶段进入到具体实施的阶段。1984 年 11 月，邓小平同志亲笔为中国科技馆题写馆名，同年 11 月 21 日，中国科技馆一期工程破土动工，姚依林同志亲自为开工奠基典礼剪彩。此后，各省地市先后建成一批科技馆。

1985 年 9 月 23 日，中国共产党全国代表大会通过《中共中央关于制定国民经济和社会发展第七个五年计划的建议》。该文件在"科学、教育和文化事业"（第 38 条）中明确指出，"一切图书馆、博物馆、文化馆、科技馆、艺术馆、文化站、文化中心和体育馆、体育场等单位的工作，都应当适应新的形势和任务的需要，更好地为广大人民群众服务"，从而确定了博物馆、科技馆的方向。我国第一批航空科普场馆正是在这一时期纷纷建立并开放的。

一、以展示功能为主的航空博物馆

（一）中国航空博物馆

在我国，航空博物馆的建设比较晚。直到 1985 年，中国 711 座博物馆中，还没有一座航空博物馆。当时的空军党委认为，搞好空军武器装备保存和陈列，不仅符合军委总部的指示精神，而且对认真贯彻中央关于加强社会主义精神文明建设指导方针的决议，促进教育、科学文化建设，普及航空知识，开展国防教育也有着积极的推动作用[73]。与此同时，中国人民解放军进行精简整编，致使大量武器装备陆续退出现役。于是，军委总部要求全军各大单位在精简整编的过程中，注意收集并长期保存自建军以来使用过的武器装备样品，为今后研究军史、战史和武器装备发展史提供实物档案。

1. 航空博物馆建设得到大力支持

在这种情况下，1986 年 10 月，空军党委决定筹建航空博物馆，并在北京昌平大汤山沙河机场飞机洞库成立空军武器装备陈列馆。1988 年 8 月，陈列馆更名为空军航空博物馆，对外称中国航空博物馆，第一任馆长是薛培森，该馆隶属中国人民解放军空军司令部。中国航空博物馆的筹备得到时任国家领导人的高度重视。江泽民总书记、杨尚昆主席、李鹏总理及乔石、姚依林、宋平、李瑞环、王震等时任党和国家领导人同中央军委的洪学智、刘华清、迟浩田、杨白冰等同志在任期间亲临视察和指导工作。这对中国航空博物馆的建设者是极大的鼓舞。

2. 中国航空博物馆收藏丰富

经过 3 年多时间的紧张筹建，1989 年 11 月 11 日，人民空军成立 40 周年之际，中国航空博物馆正式向社会开放，经过多年发展后，于 2008 年成为首批国家一级博物馆。中国航空博物馆主馆区占地面积 72 万平方米，分为洞库主展厅、露天陈列场、国家和外国空军友谊珍宝馆，展出由外国元首、政府首脑或军事代表团赠送的礼物，以及航空博物馆制作的各种遥控模型的仿真飞机等。至 2024 年，中国航空博物馆共收藏 149 型 376 架飞机、各类文物 2.8 万件，其中，国家一级文物 106 件，是集科学教育、旅游于一体的国家级军事主题博物馆，也是目前亚洲规模最大、跻身世界前五位的航空博物馆。

3. 中国航空博物馆所获荣誉

现在，中国航空博物馆已经成为对人民群众和广大青少年进行爱国主义教育和国际主义教育、增强国防意识、开展航空科普活动的阵地。1990 年开始，中国航空博物馆先后组织北京市航空夏令营、航博夏令营，使青少年通过参观、"解剖"实物飞机、乘坐模型机等活动，培养对航空的浓厚兴趣，成为中国航空航天事业的后备军。1991 年 6 月，中国航空博物馆被北京市评为"关心青少年科技教育"先进单位。同年，中国航空博物馆还荣获"我爱北京山和水"旅游景点评比第一名。1992 年 4 月，中国航空博物馆被北京市指定为"青少年传统教育基地"[74]。

（二）北京航空馆

北京航空馆（后更名为北京航空航天博物馆）位于北京航空学院（后更名为北京航空航天大学）院内，是以航空为主，包括航天内容的综合性科技类博物馆，现属中国航空学会领导，北京航空航天大学管理。它的建立，除学校给予支持外，还得到中国科协、航空航天工业部、空军、中国民航局和北京市政府的支持与赞助。其主要任务包括向社会普及航空科技知识，对青少年智力进行开发；是中国航空学会的科普教育基地之一；作为北京航空航天大学的教学实践基地，也担负该校的教学任务，是航空科技橱窗之一[75]。

北京航空馆伴随着科学春天的到来破土而出，它的前身是北京航空学院飞机陈列室，从 20 世纪 80 年代初期开始，除担负教学任务外，北京航空馆每年还要接待数千名青少年航空爱好者来参观。1985 年，北京航空学院进行专业调整，并在飞机陈列室的基础上兴建对社会开放的航空博物馆。同年 5 月，开始扩建工程，把原飞机库改为展厅，整修飞机，调集超轻型飞机、航空发动机、飞行原理演示系统和其他设备,并充实增加部分模型图片。在中国航空工业创建 35 周年和航天工业创建 30 周年之际,1986 年 10 月 25 日,北京航空馆举行正式开馆典礼,成为我国首个航空航天科学技术的综合科技馆。1991 年年初建成门厅,北京航空馆的建设初具规模。

北京航空馆有两个 600 平方米的展厅和 8500 平方米的室外展览区,保存了 30 多架不同国家不同时期的飞机。北京航空馆常设的展览有 5 个部分;露天停机坪面积达 7400 平方米,展出名机数十架;附属建筑 400 平方米,设有航空航天录像及游艺设施。展教手段除实物外,航空馆还采用飞机实体模型、图片及大面积的航空画廊,以求在较小的空间内传播更多的知识信息。为了在更大范围内普及航空科技知识,北京航空馆还经常在北京或其他省市举办有关航空方面的展览,受到观众,特别是青少年的欢迎。北京航空馆发展成为既是学校的教学基地,又是向社会普及航空科学技术和知识的阵地,促进社会精神文明建设,也是对外进行科学技术交流的"窗口"。作为博物馆,它在满足校内教学的同时,也充分发挥其社会教育功能,为社会进步和公众科学素养的提升发挥积极作用。

(三)西安航空馆

西安航空馆坐落于以"航空、航天、航海"三航为特色的西北工业大学内,在西北工业大学原机库基础上筹建而成。西安航空馆由陕西省航空学会筹办,1986 年建馆,是中国航空学会支持建设的全国三家航空馆之一,也是目前我国西部地区为数不多的航空馆(2020 年 5 月 18 日,西安市云之翼航空博物馆开放)。其建馆得到西北工业大学的支持,中国航空学会参与布展,为该馆定制飞机模型 18 架 [76]。1987 年,西安航空馆正式对外开放,已成为陕西省航空工业的重要展示窗口,在进行国防教育和普及航空科技知识等方面,起到了积极作用。

西安航空馆没有北京航空馆规模大,展品也不算丰富,却极富特色。与一般航空馆不同,在西安航空馆,"航空迷"不仅能够认识飞机的外部特征,还有机会了解飞机的内部结构。由于教学的需要，西安航空馆内收藏了我国三种重要战斗机的原型机，还有数目众多的呈分解状态的飞机，以展示其内部构造，方便西北工业大学的飞机设计、飞行器制造和航空发动机等专业的师生开展现场认知课[77]。西安航空馆于1999年被科技部、中宣部、教育部、中国科协命名为"全国青少年科普教育基地"；2000年，被陕西省科委、省委宣传部、省科协命名为"陕西科普教育基地"；2002年，被西安市碑林区列为"中小学德育基地"及莲湖区中小学"爱国主义教育基地"。

（四）沈飞航空博览园

1. 沈飞集团的发展与变革

沈阳航空工业起源于20世纪初。1920年，张作霖在沈阳成立了东三省航空筹备处；1921年，正式成立了东三省航空处。1923年，张学良通过扩充和改建，把东三省航空处改名为东北航空处，下设飞行大队、航空工厂、航空学校等6个部门。1930年，张学良在沈阳建成北陵机场。其间经历抗战及解放战争后，1948年随着沈阳的解放，东北人民解放军航空学校接收了北陵工厂和机场，改名为东北航校机务处第五厂。新中国成立后，又将其改名为空军工程部东北修理总厂第五厂（简称"空军五厂"），主要用于修理日式飞机、美式飞机和飞机发动机。1951年6月，空军五厂由空军移交给重工业部航空工业局管理，更名为国营112厂（后成为沈阳飞机制造公司）。1957年6月，国营112厂更名为国营松陵机械厂[78]，1979年6月，改称国营松陵机械公司。20世纪80年代，沈阳的航空工业继续发展。1986年，国营松陵机械公司更名为沈阳飞机制造公司，1994年在原沈阳飞机制造公司的基础上，裂变组建沈阳飞机工业（集团）有限公司（简称"沈飞集团"）。经过几代发展变革，如今的沈飞集团已经在我国航空领域作出很多重要贡献。

2. 以工业旅游为契机建设航空博览园

旅游业是一项综合性很强的产业。现代旅游业不断发展，不再单纯是游山玩水的活动，其触角已经延伸至工业领域。而工业领域的旅游充分发挥了行业科普的功能。沈飞集团作为全国最大的工业企业之一率先在这方面做出尝试。为纪念沈飞集团几十年来的发展历程和为中国航空工业事业作出的卓越贡献，同时为企业自身不断探索，2001 年，沈飞集团推出工业旅游的一个崭新项目——沈飞航空博览园。沈飞航空博览园，隶属沈飞集团，由当地政府支持、企业主办。

沈飞航空博览园陈列场所分为室外展区和室内展区，室外展区把我国自行研制的各种军用飞机原型在一侧排开，展品旁配有梯子供游人观看飞机内部构造；室内展区采用环形布局，上下两层、首尾相连。沈飞航空博览园共有蓝天梦圆、航空报国、振翅高飞、创新超越、功炳天疆、展翅翱翔等 6 个展馆。作为厂史馆，沈飞航空博览园现收藏有 1956 年我国生产的歼-5 型飞机、1959 年生产的歼-6 型飞机、1968 年生产的双倍音速歼-7 型飞机、1969 年我国自行设计制造的高空高速歼-8 型飞机和歼-6Ⅲ型飞机等近十架飞机。馆内还藏有飞机上使用的电子罗盘、飞机设计图纸、不同飞机发动机、转弯表、地平表等 200 余件实物和 600 余幅历史资料展品。

3. 沈飞航空博览园的发展

沈飞航空博览园作为沈飞集团对外展示的窗口之一，是全国首家系统介绍我国歼击机发展历程和航空科普知识的大型专业性展馆。沈飞航空博览园展出丰富内容的同时，还采取多种形式，拟定特色培训课程，开展研学活动，得到社会的广泛认可。2018 年，沈飞航空博览园被教育部评为"全国中小学生研学实践教育基地"。2021 年，在庆祝中国共产党成立 100 周年之际，中宣部命名 111 个全国爱国主义教育示范基地，沈飞航空博览园名列其中[79]。为深入贯彻落实习近平总书记关于总结宣传罗阳同志先进事迹的重要指示要求，2019 年 8 月，在沈飞航空博览园原罗阳先进事迹展区基础上启动了罗阳纪念馆的扩建工作。2021 年 6 月 29 日，罗阳纪念馆正式开放，展馆布展面积 310 平方米，收藏罗阳生前使用过的办公用品、水杯、图书等遗物 592 件，图片 156 幅，相关视频 79 分钟。展区分为大国重器以命铸、航空报国终无悔、深切缅怀永铭记、忠魂永驻海天间四个部分，详细记录了罗阳从立志学习航空到献身航空的 51 载人生。2022 年，中国科协、教育部、科技部等 7 部委联合发布首批"全国科学家精神教育基地"，沈飞航空博览园罗阳纪念馆同其他 6 家基地共同入选。

（五）南京航空航天馆

新中国成立 40 多年来，我国航空航天工业取得了举世瞩目的成就。为更好地培养航空航天事业接班人及提高全民族科技意识，江苏省及南京市航空航天学会于 1980 年正式提出筹建南京航空航天馆。然而筹建工作并不是一帆风顺的，经多方努力，当年筹集了 10 万元建设经费及 5 架飞机实物，已具备建馆的基本条件，但因馆址一直未落实，所以拖延下来。1990 年，江苏省航空航天学会第四届理事会第一次会议再次研究讨论了南京航空航天馆的建设问题，决定把南京航空航天馆的筹建工作列为学会的工作重点。在江苏省航空航天学会理事会、办公室及有关方面的努力下，作为我国三大主要航空专业院校之一的南京航空学院（后更名为南京航空航天大学）正式批准在发挥航空教育服务功能的航空陈列馆基础上，建立南京航空航天馆。

1992 年正式开放的南京航空航天馆是一个综合性的航空航天展览馆，陈列展示了航空航天图片、模型、实物及进行模拟飞行，直接向青少年普及、宣传航空航天知识。在这里，观众，特别是青少年，可直接动手操作计算机并进行航模制作等多种现场活动。该馆还是继续工程教育、人才培训、科学研究、科技开发、学术交流、科技咨询服务及开展国际、国内航空联谊活动的场所，也是南京航空学院进行对外宣传、专业教学和学生实习的基地[80]。南京航空航天馆的开放，不仅使许多观众真实地看到过去从未见过的战斗机，更重要的是向公众普及航空、航天知识，成为爱国主义教育和国防教育的重要基地。南京市航空航天馆被确定为"南京市中小学校外科技教育基地"之一。

（六）冯如纪念馆

冯如是我国航空史上值得铭记的人。1909 年，中国人冯如成功试飞了由他自行设计制造的飞机——"冯如一号"。这是中国人研制的第一架飞机，冯如揭开中国动力飞行史的第一页。早在 1908 年 5 月，冯如在美国奥克兰市创办了中国人首个民办飞机制造企业——广东制造机器厂，开始设计、制造飞机。1909 年 9 月 21 日，冯如驾驶自己设计制造的首架双翼飞机（即"冯如一号"），在美国奥克兰市试飞成功。1911 年 1 月，冯如又成功试飞了自行设计制造的第二架飞机（即"冯如二号"）。在后来的多次飞行表演中，冯如设计的飞机其性能达到当时世界先进水平。1911 年 2 月，冯如拒绝美国的重金聘请，带着自制飞机回到中国，同时把飞机公司迁回，当年年底参加广东革命军，冯如被任命为飞机队长。1912 年 8 月 25 日，冯如在广州燕塘进行飞行表演时失事遇难，年仅 29 岁。

从 1909 年冯如第一次成功试飞开始，中国航空事业已走过百年历程，这对中国航空工业和中国航空人来说，是一件值得纪念的伟大事件，冯如因此被称作"中国航空之父""中国始创飞行大家"。他之于中国航空，如莱特兄弟之于世界航空。

虽然冯如已逝世一个多世纪，但他的理想和主旨在国人的共同努力下已经实现。今天，中国不但有了先进的飞机，而且由中国人自行设计制造的"神舟五号""神舟六号""神舟十九号"等载人航天飞船已飞入太空。为纪念冯如，加强对青少年的航天航空教育，冯如的家乡——广东省恩平市（原为恩平县）于 1985 年在市区北部鳌峰山顶建立冯如纪念馆。冯如纪念馆整馆占地面积 1000 多平方米，建有馆舍 1 栋，建筑面积 303 平方米，馆内陈列冯如航空史料及有关图片。馆舍前有面积 500 平方米的广场，广场中央矗立着 1.95 米高的冯如全身铜像，并陈列有空军赠送的歼-5 型退役战斗机 1 架，上书"赠给中国第一个飞机制造家飞行家冯如先生故乡恩平县"。2000 年 4 月，冯如纪念馆被评为广东省爱国主义教育基地 [81]。

（七）昆明翼比航空博物馆

2012 年 5 月 22 日，中国西部首家由民间航空爱好者自筹自办的航空博物馆和航空科普教育基地——昆明翼比航空博物馆正式免费开放。昆明翼比航空博物馆面积为 200 多平方米，其展馆分为三个展区共四大部分：以人类第一架飞机到现代飞机的模型和航空画等为展品，展示航空发展史；4 个电子触摸屏分别展出各类飞机的技术参数和航空方面的相关资料；14 个文物展示柜展出不同时期航空界人士珍贵的历史文物和珍贵的第二次世界大战（简称"二战"）期间的文史资料；不同飞机模型以机群展台、旋转式展台、半悬式展示窗立体呈现。专设的二战展区展出二战期间的飞机模型、文物和航空史料，电子触摸屏内还有美国飞行员拍摄的二战期间驼峰航线[①]和飞虎队[②]的珍贵纪录片，以及二战期间美国飞行员在中国战斗和生活的片段。

昆明翼比航空博物馆的特色展品是多种模型，馆内展出的飞机模型全部为手工制作，材料以木制为主，这在国内并不多见。简单的飞机模型需 1 个月左右时间制成，复杂的飞机模型由几个人同时做，需两个月左右才能制成。单从模型展品制作费用上，该馆就花费 100 多万元资金，又用 200 多万元资金投入到相关文物、史料等的收集整理中，最终才把航空爱好者筹建航空博物馆这一夙愿变为现实。该馆囊括了从人类诞生的第一架飞机到现代飞机的不同时期的不同机型。中国航空博物馆高级模型师曾评价，昆明翼比航空博物馆不算大，但在民间航空博物馆中，算首屈一指[83]。

除上述航空馆之外，还有其他航空场馆主要发挥收藏展示功能，如长沙航空职业技术学院建立的湖南航空馆、中国航空学会为浙江省金华市和浦江县、福建省建瓯市的青少年宫建立的航空展览室。湖北的襄阳航泰动力机器厂也利用得天独厚的航空资源优势，于 2019 年建成并开放航空知识培训馆，成为鄂西北地区唯一一家要素全、成体系的综合性航空知识培训场馆。襄阳航

---

① 驼峰航线是中美两国二战期间，为抗击日本法西斯侵略，保障中国战略物资运输，共同在中国西南山区开辟的空中通道。驼峰航线西起印度阿萨姆邦，东至中国四川省，其间山峰起伏连绵，犹如骆驼的峰背，因此得名。
② 飞虎队是由美国飞行教官克莱尔·李·陈纳德创建的美国援华志愿航空队，与中国军民共同抗击日本侵略者。

泰动力机器厂利用三线建设①期间丰厚的航空资源优势，打造一所集航空知识传播、研学教育于一体的航空知识培训馆。该馆所有图文资料与国内航空领域最权威的"中国航空博物馆"实现共享，最大限度地展示和传播世界航空装备发展史、航空科学技术史、人民空军建设史、战斗史和空军装备修理的辉煌历程[82]。这些航空场馆以供观众参观为主，有讲解员讲解，在不同程度上满足了观众，特别是青少年的参观需求。

二、以互动体验为特色的航空科普场馆

我国科技场馆并不少，而作为专业领域的航空场馆只集中在少数几座大城市，远远满足不了社会的需求。进入 21 世纪，国家启动大飞机项目以来，很多省份纷纷把航空工业发展作为促进本省产业升级和带动国内生产总值（简称 GDP）增长的支柱产业。航空对其他产业产生了非常强的辐射作用，因此从中央到地方，都把发展航空产业作为重要的发展战略之一[84]。

航空科普场馆建设就是其中非常重要的内容。2003 年 4 月 22 日，中国科协发布《关于加强科技馆等科普设施建设的若干意见》。2007 年 1 月 17 日，科技部、中宣部、国家发改委、教育部、国防科工委、财政部、中国科协、中国科学院八部门联合下发《关于加强国家科普能力建设的若干意见》，强调指出"统筹规划，整合资源，充分利用现有航空、航天、核、兵器、船舶工业的科普资源，在保持原有特色的基础上，拓展其功能并增加现代化的高新技术展示手段，在科普宣传内容和形式上不断创新"。2012 年 4 月 5 日，《国家科学技术普及"十二五"专项规划》也提出"形成不同类型和特色的科普基地"。上述文件对科普基础设施建设提出的具体要求，为我国进入 21 世纪

---

① 三线建设是指从 20 世纪 60 年代中期开始到 80 年代初，在中国西南、西北内陆地区开展了一场大规模的经济建设运动。根据当时从战略角度进行的划分，这一地区属于全国战略布局的第三线（第一线指东北及沿海各省，一线与三线之间为第二线），亦称"大三线"。同时各省又划分了自己的一、二、三线，其中第三线又称"小三线"。大、小三线的集中建设，在 20 世纪六七十年代我国国民经济发展中占有很大比重，史称"三线建设"。

以来的航空科普基础设施建设指明了新的方向。

（一）上海航宇科普中心

上海航宇科普中心（简称航宇中心）是从事航空航天科学普及教育的事业单位，于1984年5月筹建，1989年6月正式对外开放，隶属于上海航空工业公司，是上海市公益一类全额拨款事业单位，1997年4月被评为上海市首批科普教育基地，1999年12月被评为全国科普教育基地，2003年荣获全国科普工作先进集体的光荣称号。2010年，航宇中心经上海市科委考核，成为上海市专题性科普场馆之一，即上海航空科普馆。

1. 航宇中心收藏情况

航宇中心共有藏品12 000余件，占地面积16 227平方米，建筑面积10 660平方米，展示面积共约14 000平方米。其中，外场展区面积约10 000平方米，展示有歼-8、DC-8等十余架不同类型的实物飞行器；室内展示面积已扩展为约3000平方米，包括"走近中国大飞机""寻觅人类飞行的足迹""探索飞行的奥秘"三个主题展厅及一个模拟飞行体验馆，中心还设有3D环幕影视厅。该影视厅可容纳100多位观众观看三维立体影片。

2. 航宇中心开展丰富多彩的科普活动

自开放以来，航宇中心在中国科协、中国航空学会、上海市科委的指导下，不断加强软硬件建设，提高服务质量和接待水平，进一步增强科普展示能力。航宇中心在传承和发扬传统活动的基础方面不断开展新型科普活动，特别是近年来航宇中心每年开展国际航联青少年航空绘画大赛（上海赛）、全国青少年无人机大赛（上海赛）、"雏鹰杯"——"红领巾科创达人"挑战赛、上海"航宇杯"静态比例模型比赛、长三角航空服务礼仪大赛、全国未来飞行器设计大赛（上海赛）等赛事，以及"一馆一品"之"萌萌机长养成记"、科学之夜、六一科普嘉年华等活动，形成诸多独具特色的航空科普品牌活动。航宇中心还积极参加一年一度的全国科技活动周、全国科普日等活动，与其他航空科普场馆联合开展多种科普活动，提升社会效益，从而带动航宇中心科普工作全面开展。

除大型赛事和全国范围的科普活动外，航宇中心还积极与社区、学校开展"共建结对"活动，旨在通过共建结对活动，充分利用现有资源，为普及航空科普知识、激发学生的创新能力作出贡献。"共建结对"活动包括开展专题科普活动，实施探究性课题研究，进行科学课程教学活动，开展夏令营、冬令营主题活动，组织志愿者活动等。例如，2012 年 3 月 29 日，航宇中心与上海闵行区七宝三中共建"航宇科技教育基地"，其揭牌仪式隆重举行，标志着航宇中心与七宝三中共建结对合作项目正式启动。

3. 改造后的航宇中心

航宇中心作为上海市唯一的航空航天文化教育与实践场馆，以及大飞机项目科普展示宣传窗口，在传播航空航天文化方面具有得天独厚的优势。2020 年，航宇中心获评国家二级博物馆称号。2022 年，航宇中心启动自开馆以来最大规模的改造工作，五大改造项目分为场外景观绿化工程、A 楼展厅一楼升级改造（三期）、A 楼展厅三楼布展、外场飞机翻新改造、公共安全技术防范系统达标升级。在场馆关闭改造 6 个月之后，航宇中心（即上海航空科普馆）重新开放。通过硬件设施的改造，丰富的航空体验项目在馆内新展项中都可以体验到。例如，"试驾飞机"翱翔蓝天，探秘机舱内行李存放的空间，真实模拟火箭升空的瞬间，感受飞机遇险时的紧急救助，动手组装飞机发动机，通过增强现实技术（AR）绘制心仪的飞机……

作为国家二级博物馆、全国及上海市科普教育基地、中国大型客机项目宣传基地，航宇中心未来会继续策划形式多样、内容丰富的科普活动，让人们进一步了解航空航天领域的魅力。

（二）阎良航空科技馆

作为陕西省最大的以航空知识为主题的科技馆，阎良航空科技馆在陕西乃至西北地区有重要的影响力。西安阎良国家航空高技术产业基地（简称

"西安航空基地") 是国家发改委在 2004 年 8 月批复设立，2005 年 3 月正式启动建设的国内首家国家级航空高技术产业基地。西安航空职业技术学院（简称"西航职院"）凭借区域优势，抢抓国家航空资源战略重组，航空企业向基地集聚的历史机遇，于 2006 年 6 月 12 日，同西安航空基地管委会正式签订合作协议，从而促成"西安阎良航空科技馆"（简称"阎良航空科技馆"）的共建，并将其打造成为集航空人才培训、航空科技普及、爱国主义教育、航空博览旅游于一体的社会服务平台。

阎良航空科技馆外观设计呈动感飞机造型，体现现代航空产业和航空教育事业展翅腾飞的态势。以"放飞梦想、航空报国"为主题的航空科技馆，是西安航空基地和西航职院的共建项目，是面向社会公众，传播航空精神、航空文化，普及航空知识，提高公众科学技术文化素质的教育设施，也是集航空教学实训、产业宣传介绍及航空旅游为一体的航空城对外窗口，众多的航空器械实物与模型展示是该馆的亮点之一。

阎良航空科技馆占地 15 亩[①]，建筑面积 4700 平方米，2008 年 9 月正式对外开放。馆内有馆藏飞机零部件 500 余件、真实飞机 4 架、飞机发动机 28 台，以及太空环、飞行模拟等多种互动设施。阎良航空科技馆借助西航职院举办不同类别的大型科普教育活动，包括"爱国主义航空科技知识普及教育"活动，以及"西航杯航模比赛""航空科技馆讲解员大赛""万名大学生走进航空科技馆""我爱航空城、我爱红领巾"等活动，已经形成长效机制。阎良航空科技馆被中国航空学会、西安市阎良区、陕西省科协和西安市科协、中国科协授予科技教育基地、科普教育基地或爱国主义教育基地称号[85]。

（三）上海世博会建立中国航空馆

上海世界博览会（简称"上海世博会"）中国航空馆是世界博览会 160 年历史上首个航空馆，由中航工业集团和中国东方航空集团有限公司（简称

---

① 1 亩约为 667 平方米，15 亩约为 10 005 平方米。

"东航")联合兴建。中航工业集团是中国航空制造业的龙头,东航是中国三大航空公司之一。制造业与服务商联手,把航空科技和服务有机结合起来。作为中国航空馆建馆牵头单位,中航工业集团从筹备、建设直到运营,都站在国家和行业的角度考虑问题,着眼于国际舞台,把筹建中国航空馆和筹备展览定位在国家行为和行业的高度之上。

中航工业集团参加世博会的目的是"希望中国航空馆有效利用互动展品和视听技术,普及航空知识,体验驾驶乐趣,感受旅行快乐;与此同时,反映中国和世界航空制造业、民航业的创新发展历程,及其在履行责任和使命过程中对城市建设和人民生活的重要贡献"[86]。2010 年,上海世博会中国航空馆竣工之际,时任中航工业第一集团公司总经理林左鸣强调,"世博会是企业界的奥运会,企业参加世博会是进入世界级企业的重要标志""世博航空馆是我们提高全民航空意识、增强我国航空事业群众基础的重要载体,也是中国航空工业和航空运输业的形象展示"[87]。这凸显了我国航空工业企业参加世博会的决心。

2010 年 5 月 1 日,上海世博会中国航空馆正式开馆。在上海世博会的整个展期,中国航空馆被誉为"世博十大热门场馆""浦西最具人气场馆"。至 2010 年 10 月 31 日闭馆,上海世博会中国航空馆共接待观众 181 万余人次。中国航空馆以驾驶飞机、模拟飞行和当时国内最先进的技术所带来的飞行体验等独具特色的航空元素,吸引了国内外众多游客参观、体验。在腾讯网主办的"世博风云榜"上,中国航空馆夺得"最佳互动体验场馆"称号,在科普方面也起到了良好的效果。

（四）扬州航空馆

作为历史文化名城,扬州有着深厚的文化底蕴,而扬州建设"新兴科创名城"的理念与中航工业集团创新发展理念"碰撞"出更大的合作空间。在纪念中国航空事业 111 周年之际,中航工业集团与扬州市共同建设扬州航空馆。2020 年 9 月 21 日,扬州航空馆在扬州市生态科技新城的科技创新中心正式开馆。作为中航工业集团和扬州市地方政府协同发展文化事业、开展爱国主义教育和国防教育的重点合作项目，扬州航空馆采用"军工央企＋地方政府＋航空企业"的合作模式，由中航工业集团牵头，联合航空领域的企事业单位和地方文化企业等主要合作方共同打造而成。

扬州航空馆主体建筑以江苏非物质文化遗产"扬州灯彩"为设计灵感，展馆面积达6000平方米，由航空科技文化馆与航空科幻体验馆两大场馆组成，全馆覆盖智能互动体验系统。其中，航空科技文化馆被定位为博物收藏与科技展示的功能，涵盖序厅、中国航空"第一"展、中国航空发展史、航空探秘、中国航空名人堂等五大展区，通过中国航空史上20余架具有里程碑意义的飞机模型陈列，生动全面地展示了中国航空事业的蓬勃发展和航空科技蕴藏的磅礴力量。而航空科幻体验馆被定位为科普教育与互动体验的功能，以寓教于乐的方式让观众身临其境地感受航空科普教育与科幻体验。扬州航空馆的科技文化与科幻有机结合，打造融娱乐性、互动性、体验性为一体的国防教育示范基地、航空科普教育基地和青少年爱国主义教育基地，是国内首个航空文化综合展馆，集航空文化、展览展示与科普体验、研学教育、研学旅游于一体。

扬州航空馆自开馆以来成功举办多场航空科技文化节、露营文化节、航空科普讲座等活动。截至2021年年底，仅社会团体参观学习接待就已达200余场、扬州市中小学公益性参观人数达2万多人次，通过免费观展的形式，让公众感受到航空的魅力。扬州航空馆成为中航工业集团和扬州市政府共同打造的航空文化传播新舞台。

（五）立巢航空博物馆

2016年5月，国务院出台《关于促进通用航空业发展的指导意见》，大力支持通用航空制造业发展。同时，在国外通用航空产业的启发下，国内首家民营航空博物馆——立巢航空博物馆于2016年启动筹建工作。2019年，立巢航空博物馆开业，试运营后的半年时间里，立巢航空博物馆即受到通用航空产业业界人士的关注。

1. 立巢航空博物馆的选址

从中国的航空事业发展来看，成都是一座名副其实的航空重镇。在抗日战争中，从印度阿萨姆邦汀江等地到成都的"驼峰航线"，为抗击日本侵略者，建立了至关重要的空中运输通道。新中国成立后，成都迎来了航空领域的高速发展，成飞公司和成都发动机（集团）有限公司都在我国航空事业发展史上占有举足轻重的地位。而且，成都天府国际机场是国家"十三五"期间规划建设的最大民用运输枢纽机场，成都成为继北京、上海之后的第三座同时运营双国际枢纽机场的城市。在这样一座有航空技术实力、有航空文化底蕴、有航空历史情怀的城市中建设一座航空博物馆，是再合适不过的事了 [88]。

2. 立巢航空博物馆的亮点

立巢航空博物馆的高仿真飞机模型是亮点之一。随着高仿真飞机模型于21世纪初发端于国外，我国近些年也逐渐兴起。而立巢航空博物馆展柜中比例均为 1∶400 的 1657 架高仿真飞机模型，全部来自一位家在西昌的收藏家。这位收藏家从小就对航空感兴趣，其业余时间热衷于收藏高仿真飞机模型。随着收藏品的日益累积，住房已经容纳不了其收藏量，后与立巢航空博物馆协商，改由立巢航空博物馆租借其展品。

3. 立巢航空博物馆的理念

这座航空博物馆既是立巢集团向新产业发展的生态布局，也承担一部分社会责任。该博物馆把目标聚焦在公众接触最多的航空领域，包括人类飞行发展史和军用航空、民用运输航空、通用航空等方面。为了满足普通公众的需求，立巢航空博物馆开放之初就定下一个基本内核，那就是要做"看得见、摸得着、闻（听）得到、带得走"的博物馆。通过这种方式打破公众与航空之间的隔阂，让科普走进大众生活。除静态展示外，立巢航空博物馆还充分注重参观者的互动体验，展馆中有很多体验式的道具，一些书本上晦涩难懂的知识，通过实际操作就非常容易理解。观众还可以参加博物馆定期举办的讲座，也可以走出去体验航空飞行，同时，博物馆背后的立巢集团也提供飞机驾驶的相关培训，并组织学员参加相关航空赛事，如航空模拟飞行、航模比赛、无人机比赛等。"我们希望通过平台化的运作，让大家都参与到航空科普的领域中"，"航空科普底层搭好以后，往上的人才流通就有了基础"[89]。立巢航空博物馆成立以来深受各个群体的欢迎。

三、市场化运营的航空科普基地

在我国多数大型机场陆续建成并投入运营的背景下，航空城的建设方兴未艾，不少地方利用新建机场的契机，在机场邻近地区进行不同形式的航空城建设，有的航空城已初具雏形，如阎良航空城、厦门航空城、珠海航空城[90]，以及一些航空小镇等，为我国航空科普的发展奠定坚实的基础。

（一）不断建设中的航空小镇

2017年5月8日，科技部、中宣部制定了《"十三五"国家科普与创新文化建设规划》，成为指导我国科普和创新文化建设的行动指南，强调要推动科普产业发展，并重点指出要开发科普旅游资源。而我国航空小镇在这一时期的产生与发展，正响应了这一科普政策。

1. 航空小镇的内涵

航空小镇概括来说就是拥有飞行设施的社区，它是通用航空产业发展到成熟阶段的标志。航空小镇是一个生活的家园，与普通住宅区一样，这里的房屋都是业主日常居住之所。与一般社区不同的是，在航空小镇，飞行是人们生活不可或缺的一部分，这也是航空小镇的核心价值。在一些国家或地区，航空小镇也被称作飞行社区（Fly-in Community）。航空小镇的飞行设施包括通航机场、跑道、滑行道、停机坪、机库等，有些航空小镇还拥有航空俱乐部等休闲配套设施。

随着通用航空的发展及私人飞行的起步，航空小镇或飞行社区的概念也逐渐为中国一些通航企业、人士所知。中国很多城市计划建设以旅游、商业为目的的航空小镇，有的并非真正意义上的居住型飞行社区，而是结合了区域旅游、环境、休闲、健身等资源基础，以观光游览、航空运动、飞行体验、执照培训为亮点，带动服务业、建筑业、文化创意产业等关联产业发展，提升城市品位、增添发展亮点。不过这不失为航空小镇在中国起步和发展奠定的一个良好基础，发展成熟的航空小镇也为全社会开展航空文化活动、培养航空意识提供良好的环境。

2. 中国著名的航空小镇建设

建德航空小镇

位于浙江西部的建德航空小镇，先后经历 2014 年的概念期、2015 年的规划准备期，自 2015 年 12 月 2 日被列为杭州市第一批特色小镇创建名单、2016 年 1 月 26 日被列入浙江省第二批特色小镇创建名单开始，正式进入三年建设期，2019 年 9 月被正式命名为第三批省级特色小镇。建德航空小镇主要分为三大板块，除了以建德千岛湖通用机场为核心的通航服务板块、以省级经济开发区为核心的航空制造产业板块外，还有以原横山铁合金厂工业遗址和新安江玉温泉为核心的航空休闲旅游板块。建德航空小镇招引高空跳伞、低空旅游、系留热气球等通航文旅项目，至 2020 年，累计接待游客 130 余万人（次），实现旅游收入逾亿元，同时用实际行动践行"绿水青山就是金山银山"的发展理念[91]，而通航文旅项目也带来了航空文化的传播与普及。

安吉航空小镇

浙江安吉是习近平总书记"绿水青山就是金山银山"理念的诞生地。从2012 年起，安吉县把通航产业作为重点产业之一，专门设立通航产业办公室，并以天子湖通用机场为核心，在省际承接产业转移示范区安吉分区规划了 10平方千米的通航小镇。安吉通航小镇致力打造 A 类通用机场（即对公众开放的通用机场，允许公众进入以获取飞行服务或自行开展飞行活动的通用机场）

及产业园、天子湖飞行公园及无人机产业园、无人机创新中心三大平台板块，推动通航产业发展，是浙江省重点建设的十大航空特色小镇之一[92]。

同时，一些重要的航空科普活动也在安吉展开。2015 年 11 月，"中国心·中国行——全国航空动力科普知识网络竞赛"在浙江安吉举办；"国际无人飞行器创新大奖赛"的举办奠定了安吉航空小镇的独特地位。凭借作为联合国人居奖首个获得县、首个国家级生态县、中国第一竹乡，凭借其良好的生态环境和旅游接待能力，在 2019 年 11 月 16 日的第十二届安吉投资贸易人才洽谈会开幕式上，中国航空学会与安吉县达成战略合作，安吉被确定为国际无人飞行器创新大奖赛或其他类似赛事的长期举办地和相关论坛的永久会址。而"国际无人飞行器创新大奖赛"成为提高公众航空意识，奠定群众性航空事业基础，推动航空制造业发展的重要平台[93]。

航空产业的发展带动了当地的整体经济发展，并诞生或正在建设一些航空小镇，有部分统计如表 4-1 所示。

表 4-1　中国部分航空小镇建设统计表[94]

地区	名称	面积（平方千米）	投资（亿元）	建设情况
浙江	建德航空小镇	3.57	52.8	2015 年边建设边运营
	平湖航空运动小镇	3.6	57.8	2016 年正式运营
	萧山空港小镇	3.2	58	2017 年正式运营
	德清通航智造小镇	3.5	61.1	2018 年正式运营，2021 年成为浙江省第五批特色小镇
	安吉通航小镇	3	100	2015 年规划论证，现已运营
	台州无人机航空小镇	3.9	64	2024 年正式运营
	新昌万丰航空小镇	3.1	100	2018 年正式开园
	横店航空小镇	3	5	2018 年正式运营
	宁海滨海航空小镇	3.5	58	2017 年正式签约
	绍兴滨海航空小镇	1.7	50	2016 年开工建设
江苏	南通爱飞客小镇	1.3	50	2013 年正式签约
	镇江航空教育小镇	3.3	100	2017 年开工建设
	常州智航小镇	3		2016 年建设投产

地区	名称	面积（平方千米）	投资（亿元）	建设情况
四川	自贡航空小镇	16.9	100	2015 年建设运营
	彭州 3D 航空小镇	12.1	25.1	2013 年启动建设
湖北	荆门爱飞客小镇	30	200	2015 年启动建设
	蔡甸区航空小镇	10.6	15	2016 年开通低空旅游
贵州	黎阳航空小镇	5.4	27	2016 年开工建设
	贞丰航空小镇	1.3	20	2015 年签约
山东	莱西航空文化产业小镇	2.3		2016 年签约
	平度航空小镇	3		2016 年开工建设
	李哥庄航空小镇	4	27	2015 年规划建设
广东	人和航空小镇		25	2016 年规划建设
	珠海飞行航空小镇		15	2017 年规划建设
河北	栾城航空小镇	4.7		已举办两届通用航展
	怀来航空小镇	3.1		2014 年举办低空飞行活动
广西	伶俐航空小镇	4		2016 年开工建设
新疆	阿勒泰航空小镇			2016 年签约
福建	泰宁航空小镇			2023 年仍在建设中
海南	澄迈航空旅游风情小镇			2015 年签约
河南	五云山飞行小镇			2014—2017 年举办郑州航展
湖南	宁乡航空小镇	2		2015 年举办酷杰中国飞行者大会

毫无疑问，近年来随着航空技术及其产品的迅速发展，航空科普的方式也越发多样。发展迅速的无人机产业，从产业萌芽、市场培育、产品设计、多用途开发等都与航空的普及与推广密不可分。而航空小镇的建设还在路上，未来如何也未可知。根据统计表中的信息来看，航空小镇的发展并不是一帆风顺的，而作为航空科学普及、航空文化推广的一种新方式，航空小镇值得进一步探索研究。

（二）罗山航模基地

宁夏回族自治区吴忠市红寺堡区罗山航模基地在航空科普方面发挥了相当重要的作用。2011 年，当地区委、区政府经过充分调研、全面讨论后，决定利用罗山脚下空域广阔、地势平坦、无障碍物等适合无人机、轻型飞机、动力伞、热气球等飞行器飞行的优越条件，大力发展航空文化旅游业，并在当年修建罗山航模基地。

从 2012 年至 2024 年，罗山航模基地已举办多届全国青少年航空航天模型锦标赛、全国航空航天模型锦标赛、中国国际飞行器设计挑战赛等国家级航模赛事，是全国屈指可数的飞行体验营地。由于优越的飞行条件和良好的服务水平，2015 年，罗山航模基地被国家体育总局航空无线电模型运动管理中心授予"全国科技体育（航空航天）训练活动基地"的荣誉称号，中国航空运动协会也授予罗山航模基地"中国航空运动协会罗山飞行营地"的荣誉称号，航空文化正在这里逐步形成[95]。

航空旅游把体育和旅游高度结合，不仅对促进当地文化产业、旅游产业、体育产业、会展业的发展具有重要意义，而且在培养航空文化氛围、传播航空知识等方面发挥了重要作用。

随着航空小镇、航模基地等航空产业的开拓性建设与发展，中国的航空科普内容和普及形式走向多元化，使公众对航空领域始终保持着浓厚的兴趣。

从我国航空科普场馆的建设历程来看，20 世纪的航空场馆主要以航空博物馆为主，即以收藏和展示的公共服务为其主要功能。其中有大型场馆，如中国航空博物馆；小型场馆，如冯如纪念馆；还有小型航空陈列室等。而航宇中心作为先进航空场馆的代表，从建设之初就具有收藏与展示功能，在后续发展过程中更体现其不断创新的思路。21 世纪新建的航空科普场馆则呈现出时代性，各场馆的智能化运行是其普遍特点。这一时期的场馆独具特色，出现了民间航空场馆，如立巢航空博物馆的独具匠心吸引各地游客；出现兼具旅游和科普功能的航空基地；走向市场化、娱乐化成为这一时期航空科普场馆的一大趋势，不拘一格的航空科普场馆满足了不同公众的需求。

第五章　航空科普创作发展

科普的发展离不开科普创作。在航空工业发展之初,我国航空科普创作的形式以航空科普出版物及航空影视为主。出版则因其低成本成为我国航空科普工作最重要的创作载体;其后,航空影视逐步丰富了航空科普创作的形式,并以其图文并茂、身临其境之感而深入人心。随着网络技术的更新换代,借助新媒体技术而发展起来的航空科普创作形式愈加多样,科普创作如虎添翼。目前,以出版、影视、新媒体为载体的科普创作成为中国航空科普最重要的传播方式与渠道。

一、航空科普出版逐步走向多元化

我国航空工业历经 70 多年的发展,在航空科学技术和航空科普方面,都出版了大量期刊、书籍。早在 20 世纪二三十年代,我国就已经出现不少航空领域的书籍或报刊。例如,中华自然科学社编辑的《科学世界》发行过多期专号,专号作为传播科技知识的一种重要形式被广泛地接受。其中,第 17 卷第 4 期和第 5 期 "航空专号",极大地促进公众对航空科技知识的了解和应用,对于开启民智、传播航空知识具有重要作用 [96]。

1935 年 10 月,中华书局出版了由陶叔渊编著的《航空概要》。除关于航空领域的图书创作之外,陶叔渊还是 1929 年 2 月创刊的《飞报》(1943 年停刊,共出版 292 期)的主笔,同时也是当时中华航空协进会上海区的要员。中华航空协进会历史悠久,之后改组为中华航空协进会特别区分会,逐渐退出历史舞台,只有在上海的 "中华航空协进会驻沪办公处",并连续发表了

《中国之航空》（1929 年）及《中国之航空》（1930 年）等文章，后来陶叔渊又写下《中国之航空》（1931 年）。

1919 年至 1932 年统计的出版丛书中，《民众科学问答丛书》出版有 23 种图书，其中就有《飞机》一册；1937 年，上海北新书局出版了王锡纶编的《航空常识》；1937 年 11 月，生活书店（上海）出版了宾符、贝叶合编的《飞机翼下的世界》；1941 年 6 月，上海言行社出版了沙羽编的《最新航空奇观》；1943 年 12 月，重庆商务印书馆出版了郑贞文等编的《大气和航空》；1948 年7 月，中华书局出版了罗贤菜著的《飞机》……上述航空科普读物为日后中国航空出版奠定了一定的基础。

（一）简而精的航空科普创作时期（1949—1977 年）

航空工业建立之初，我国的航空知识普及读物数量不多，但依然满足了部分人群的需求。除中高等学校教学用书、自编教材、内部资料等可供学习的相关资料外，还有不少为大众所接受的航空科普原创出版物及引进出版物。这些作品通俗易懂、图文并茂，深受读者喜爱，甚至有些作品不断再版。

1. 这一阶段航空科普读物的特点

航空科普图书数量少

通过对全国出版书目梳理可以发现，同其他领域的科普图书一样，这一时期的航空科普出版物数量并不多，只有少量关于航空体育运动方面的普及读物。造成这种情况的原因有很多，主要是由于当时的航空科学技术及航空工业的发展处于起步阶段，生产实践比学习书本知识更重要，加上创作人员有限，导致航空科普图书非常少。

航空模型图书居多

根据部分统计分析显示，在原创作品中，从内容来看，关于航空模型的科普图书最多，如 1952 年中国青年出版社出版的《简易模型飞机原理》（张国桢著），1956 年人民体育出版社出版的《模型飞机的翼型》（朱宝銮编著）、《简单的模型飞机》（盛焕明编著）、《简易模型飞机原理》（谭楚雄编著）等。关于滑翔、跳伞和飞机的科普图书也有涉及，如1955年通俗读物出版社出版《飞机的故事》（朱民光著）、少年儿童出版社出版《飞机》（谢础编写）等。而史超礼编写的《飞机为什么会飞》于1964年被收录至《自然科学小丛书》之后，先后多次被人民出版社和北京出版社出版。同其他领域的科普图书一样，由于当时的航空科学技术水平有限，其科普内容并不高深，倾向于浅显易懂的表述。早期的航空科普图书短小精悍、通俗易懂，囿于当时条件所限，装帧设计朴素。其实这一时期的航空科普读物写作者，如史超礼、朱宝鎏等，都在我国航空工业发展、航空教育或航空科普创作中作出巨大贡献。

人民体育出版社航空出版作品多

从出版社来看，人民体育出版社承担了较多的航空科普图书出版任务，出版多种丛书，如《工业常识小丛书》《航空模型小丛书》《科学画报丛书》《大众科学丛书》《大众科学译丛》《少年科技活动丛书》等，《航空模型小丛书》的出版体现了作为航空体育运动的航空模型运动在当时科普出版中的地位。上海科学技术出版社、科学普及出版社、国防工业出版社、中国青年出版社、少年儿童出版社、时代出版社、新亚书店等的出版内容也涉及航空故事、航空模型、跳伞、滑翔等。中国人民航空俱乐部航空模型研究室和体育运动委员会同样承担了重要的航空科普创作任务。

内部资料发挥科普的功能

除了公开发行刊物，这一时期还有很多内部资料刊行供在职人员使用，也起到一定程度的普及、培训作用，尤其是不少工厂会自办报刊。例如，1951年，江西洪都机械厂于建厂初期创办了一种八开油印小报——《快报》，1952年10月5日，正式定名为《三二一工人》报，报上除了经常著文反映职工生产、学习、工作、思想等问题，还刊登交流与推广经验的文章[97]。航空工业局航空器材专家莫罗斯托夫在其任期的3年内，为培养中国航空物资供应管理人员，根据在华工作实践，结合中国的实际情况撰写近20万字的《供应人员手册》。这些资料为当时我国航空工业建设起到了一定的推动作用。

2.《航空知识》的创刊与发展

中国航空学会一成立，就把科学普及工作放在重要位置，《中国航空学会会章》中明确提出，"开展航空科学技术普及工作是本会的一项经常性的重要的任务……本会定期出版科学普及刊物《航空知识》"，并规定学会理事会下设工作机构有"专业委员会""航空学报编辑委员会""普及工作委员会（兼航空知识编辑委员会）"。中国航空学会办事机构挂靠在北京航空学院。在中国航空学会成立初期，科学普及工作的重点放在集中精力办好全国性普及刊物《航空知识》方面。

《航空知识》复刊后广受欢迎

《航空知识》由北京航空学院于 1958 年创办，是我国第一份航空科普期刊，中国航空学会首届理事长沈元亲自领导组织创办并长期担任主编或名誉主编。1960 年，因纸张困难而停刊。在中宣部的批准下，1964 年 1 月，《航空知识》杂志复刊，并挂靠在中国航空学会。1966 年，《航空知识》再次停刊，直至 1974 年再次复刊。自复刊以来，由于广受欢迎，在部队、民航、航天等各有关单位的支持下，《航空知识》发行量迅速增长，甚至达到每月刊发 20 多万册，全国 29 个省、自治区、直辖市都有读者订阅。在此发展形势下，1979 年 9 月 15 日至 21 日，中国航空学会在湖州莫干山召开的第二次全国代表大会上成立科普工作委员会，《航空知识》也由此有了专门的编委会。从 1978 年开始，《航空知识》恢复同国外有关航空和科普刊物的交换关系。到 1980 年，除在国内发行外，每年有近万册远销美国、日本、东南亚等国家或地区。《航空知识》成为引导广大读者关心航空、热爱航空的一座"桥梁"，许多青少年由于长期阅读该杂志，逐渐培养起对航空的兴趣，走上献身祖国航空航天事业的道路。中共中央政治局委员方毅同志曾经亲笔题写"壮志凌云"四个字赠予该刊编辑部，鼓励杂志编辑把刊物办得更好。

《航空知识》获得国内外多项荣誉和奖励

伴随着《航空知识》国内科普精品期刊向好态势进一步巩固，中国航空学会加强与新闻媒体合作，加大宣传力度，甚至吸引了国际目光。美国《航空周刊与空间技术》杂志高级编辑菲利普·克拉斯于 1983 年来华访问《航空知识》编辑部[98]。1985 年，世界上最早成立的国际性航空组织——国际航空联合会（FAI）代表大会向《航空知识》颁发荣誉奖，以表彰该刊多年来为向公众普及航空航天知识所作的努力。这是国际航空联合会首次向中国机构颁奖，也是中国科普杂志首次获得国际性奖励[99]。

此后，《航空知识》继续在航空科普方面"耕耘"，已成为中国航空航天领域具有较大影响力的科学传播平台，而其所获奖项几乎囊括新中国成立以来出版行业所有重大奖项，并三度荣获国家期刊奖，此外，还获得国家重大专项"中国科技期刊卓越行动计划"项目支持。为表彰新中国成立60年来在期刊领域对国家科学技术、文化、经济、生活和社会发展作出突出贡献的优秀期刊和期刊人，2009年12月22日，中国期刊协会、中国出版科学研究所联合举办"新中国60年有影响力的期刊及期刊人"评选活动，《航空知识》荣获"新中国60年有影响力的期刊"称号，《航空知识》杂志社原主编谢础荣获"新中国60年有影响力的期刊人"称号。2021年，《航空知识》杂志社获得中国出版政府奖"先进出版单位"。

《航空知识》已经在科普界、出版界牢牢站稳，成为航空科学普及的重要阵地。而其发行量在1986年的月发行量曾达到140 000册[100]。

表5-1 《航空知识》所获部分奖项和荣誉

时间 （年）	奖项	组织者
1985	国际航空联合会荣誉奖	国际航空联合会（FAI）代表大会
1991	首届国防优秀科技期刊一等奖	国防科工委情报局和国防科技情报学会联合主办
1992	首届全国科技期刊评比活动一等奖	国家科委、中宣部、新闻出版署联合主办
1993	第一届中国科协全国优秀科技期刊一等奖	中国科协
1996	全国科普工作会议"全国先进科普工作集体"	国家科委和中国科协联合
1996	第三届航空优秀科技期刊一等奖	中国航空工业总公司（现为中航工业集团）
1997	第二届全国优秀科技期刊一等奖	国家科委、中宣部、新闻出版署联合组织
1999	首届国家期刊奖	新闻出版总署
2003	第二届国家期刊奖和第三届中国科协优秀期刊一等奖	新闻出版总署
2009	新中国60年有影响力的期刊	中国期刊协会、中国出版科学研究所
2013	第三届中国出版政府奖期刊奖	国家新闻出版广电总局

《航空知识》成功的必然性

《航空知识》能取得如此多的成就，与其编辑方面的精益求精密不可分。在 1988 年刊发的一篇《航空知识》文稿——《我国飞机设计师谈飞机设计》的完整编辑流程文档中可以看出当年《航空知识》编辑之精细，其工作精神之可敬。老一辈编辑的专注和求真为《航空知识》的成功奠定了绝对的基础。

这篇稿件是《航空知识》时任编辑谢京约请飞机设计师程不时先生（运-10 设计师）根据他与另外三位中国著名飞机设计师谈话内容整理而成。这三位飞机设计师的名字对航空爱好者而言并不陌生，分别是顾诵芬（歼-8 设计师）、陆孝彭（强-5 设计师）和屠基达（歼-7 设计师）。

在计算机还没有普及应用到实际工作中的年代，编辑首先用笔进行记录，然后再把稿件整理到稿纸上，经过编辑部内部审核修订，确认稿件合格后，启动送审程序。那时，《航空知识》一些涉及重要人员和技术信息的稿件，除需要请作者本人书面审核外，必要时还会报请航空航天工业部相关部门审查核准。

收到所有审核意见并据此对稿件完成修订后，编辑谢京才开始在《航空知识》版式纸上画版，这是一个需要不停地计算文字和标点数字并在版式纸张上规划分栏，以及图文相关位置和幅面关系的过程。那时的图片制版使用照相排版技术，需要事先规划并预留图版位置。有时，这个过程还要反复修改，工作相当辛苦，相对花费的时间也需要更长。

经过一波三折，这篇《我国飞机设计师谈飞机设计》的文稿最终在 1988 年第 12 期《航空知识》上发表。此时距谢京约稿已经过去近半年。30 多年前，《航空知识》的编辑每天都在从事这样辛苦的劳动，在这样的流程中，他们反复推敲、精心打磨出一篇又一篇科普精品 [101]，才成就了如今的《航空知识》。

《航空知识》的新发展

《航空知识》忠实记录了新中国成立以来我国航空航天事业的发展历程。2019 年 10 月 10 日，《航空知识》杂志社携旗下由中国科协主管、中国航空学会主办的包括《航空知识》《航空模型》①等四刊入驻"学习强国",与人民日报、新华社、央视新闻等主流媒体一起位列"强国号"前 100 个,是航空航天行业首个入驻的"强国号",同时也是中国科协主管期刊首家入驻"强国号"的刊物。"航空知识杂志社"强国号成为航空航天从业人员和航空航天爱好者学习贯彻习近平新时代中国特色社会主义思想的重要阵地,也是传播航空航天科技文化、服务国防科技创新的全新窗口,是宣传"航空报国、航空强国"爱国主义精神,为强军强国梦贡献力量的重要平台。

(二)航空科普作品大规模出版（1978—1999 年）

改革开放以来,军转民政策下的航空工业进行转制,使航空科普事业迅速发展,并带动这一时期的航空科普图书的多元化发展。中国航空学会恢复科普工作以来,不少学会会员为报纸、刊物写稿,撰写科普读物,应电视台、广播电台、机关、部队的要求作航空航天知识报告。1978 年 8 月,为贯彻全国科学大会精神,繁荣科普创作,中国航空学会在北京召开"全国航空科普创作座谈会"[102],航空科普创作被提上议事日程。在这一时期,专门的航空科普组织得以成立,不同航空科普期刊纷纷面世。

1. 航空航天科普作家研究会成立

为响应党中央加强科技宣传、提高全民科技意识、宣传"科技是第一生产力"的号召,经过多年酝酿,1992 年 3 月,一批热心从事航空航天科普写作的作家创办了航空航天科普作家研究会。该研究会是中国航空学会科普工作委员会的下属组织,其宗旨是为建设社会主义物质文明和精神文明,繁荣科普创作,提高群众科学文化素质。经过无记名投票,第一次执行委员会一致选举在我国航空航天科普宣传工作中取得重大成绩的时任《航空知识》杂志社社长谢础担任研究会会长。会后,根据新通过的《研究会章程》,航空航

---

① 1983 年 1 月,为满足青少年开展航空模型活动的需要,中国航空学会和中国航空运动协会联合创办了一种新的科普刊物——《航空模型》,谢础任主编,北京航空航天大学航空期刊杂志社《航空模型》编辑部编辑出版,是我国第一份专门普及航空模型制作的刊物。

天科普作家研究会立即着手发展会员、健全组织，把科普创作活动更好地开展起来[103]。

2.经典辞书《中国大百科全书·航空航天》的出版

在国防科工委、航空工业部，航空院校和有关单位大力支持下，《中国大百科全书·航空航天》（简称《航空航天》卷）于 1985 年正式出版。《航空航天》卷既针对专业读者，也面向普通读者，是很好的科普读物，由数百位知名专家、教授、高级工程技术人员参与撰写条目。在编撰过程中，时任中央军委副主席聂荣臻、国务委员兼国防部长张爱萍十分关心和支持这项工作，并分别题词。其中，聂荣臻元帅题词"传播科学文化知识，发展航空航天事业"，并对《航空航天》卷的编撰工作提出要求。《航空航天》卷向读者系统地介绍航空、航天领域的基本知识，我国航空、航天事业所取得的重大成就，以及世界航空、航天科学技术发展的情况，对于加快四个现代化建设，培养航空航天领域的优秀人才，发挥了重要作用[104]。到《中国大百科全书》出版第三版，除《航空航天》卷外，还增加了《科学技术史》卷，其中专门开辟有航空航天发展史的内容。

3.航空历史的编撰

几乎与此同时，航空工业史的编写也在展开。1982 年 1 月 28 日，航空工业部党组下发《关于编写中国航空工业史的通知》，决定编写中国航空工业史，成立航空工业史编审领导小组，编辑出版内部刊物《航空工业史料》①。这是中国航空工业史上第一次大规模修史工作。1987 年 11 月 4 日，航空工业部把原航空工业史编审领导小组进行调整补充，正式成立中国航空工业史编辑委员会，段子俊任编委会主任，陈少中、油江、徐昌裕、王其恭、李兆翔任副主任，委员共 64 人。1988 年 12 月，其成果《当代中国的航空工业》出版。

---

① 《航空工业史料》以新中国航空工业史料为主，包括回忆录、亲历记、航空工业生产、科学研究、基本建设、工业企业管理、教育等方面的专题史料和经验总结，还包括厂史、所史、院校史，航空人物，重要文献、文物等，同时还刊载中国近代航空史上一些有价值的史料。

值得关注的还有航空教育家、中国航空史专家、中国航空史学科的创立者和航空史研究的奠基人姜长英所著的《中国航空史》。姜长英于1949年暑期写出《中国航空史料》初稿，1959年写出《中国古代航空史话》初稿，1965年又写成《中国近代航空史》初稿。三本史稿的内容跨越上下几千年，一直记录到中华人民共和国成立之前。1982年，这三本史稿在西北工业大学分别印成讲义，作为航空史教材使用。1987年6月，姜长英撰写的《中国航空史》由西北工业大学出版社正式出版。时任国防部部长张爱萍将军为该书题写书名。这是一部由中国人自己编写的中国航空史，也是当时唯一的一部全面、系统和翔实的中国航空史料，它的出版立即受到航空史学界的高度评价——"《中国航空史》以大量丰富、翔实准确的史料，说明中国人民的创造才能与智慧及对世界文明在航空方面所作出的伟大贡献"。2000年10月，包括姜长英全部史稿的《中国航空史》由清华大学出版社出版。

4. 多种航空科普期刊面世

航空科普期刊在这一时期发展壮大。除《航空知识》具有广泛的社会影响以外，《航空模型》《航空世界》等科普期刊也逐步吸引许多航空爱好者。1983年1月，中国航空学会与中国航空运动协会联合主办的《航空模型》创刊，这是我国第一份专门普及航空模型制作的刊物。它的出版，为青少年开展航空模型活动提供了必要的资料，受到读者的广泛欢迎。《航空模型》更强调实践和操作，强调多学科知识的运用。从小对航模的爱好，能养成严谨、细致、精确、尊重客观规律的科学态度；培养不畏困难解决问题的能力，培养失败后不放弃、不断探索的进取创新精神；能提高动手操作能力，熟悉各种材料、工具和加工工艺（至2021年第12期停刊之时，《航空模型》共出刊292期）。

由航空航天工业部主管，中航传媒主办的期刊《航空世界》于1991年10月创刊，原名为《中国航空文摘》英文版，是专注于青少年航空科普的月刊。1999年3月，为响应国家"科教兴国"的号召，杂志更名为《航空世界》，每月出版一期。为坚守"传播航空文化，服务航空主业，开拓文化市场"的初衷，打造兼具独特性、示范性、科普性的青少年航空科普品牌，《航空世界》于2019年对期刊内容及风格进行调整，改版后，读者定位为青少年，同时增加动漫、绘本等形式的内容，辅以拆装文创产品，结合研学课外科普课堂、科普活动、科普教育等，普及航空知识，认真践行传播航空知识，坚定航空自信，为建设航空强国培育新生代力量的使命。

随着北京、上海、黑龙江、辽宁、江苏、江西、陕西、四川、贵州、湖南、湖北、吉林等12个省市先后成立地方航空学会（辽宁、四川两地称为航空宇航学会；北京、江苏两地称为航空航天学会），相应的科普杂志、期刊随之面世，如四川航空宇航学会、江苏航空学会分别出版《航空与航天》《江苏航空》杂志，起到了航空科普的作用。

除此之外，1984年6月1日，为庆祝中国航空学会成立20周年，同时为庆祝六一国际儿童节，由中国航空学会主编、陈应明主绘、中国少年儿童出版社出版的《航空彩色图册》在全国正式发行。这是我国第一本以图为主、图文并茂地介绍航空知识的原创图书，非常适合航空爱好者阅读。

与此同时，还出现了很多优质的航空科普丛书或丛书中包含航空科普专辑，如《航空与空间技术小丛书》（国防工业出版社，1978年出版）、《航空航天知识丛书》（航空工业出版社，1993年出版），以及以航空模型为主要题材的《中学科技丛书》（上海教育出版社，1982年起出版）、《自然科学小丛书》（北京出版社，1964年起出版，中间中断，1972年恢复出版，1982年还有出版，其间人民出版社曾接手出版）等，都属于航空科普读物。

航空科普出版在这一时期受到社会大众的普遍欢迎，而各出版社纷纷看好航空科普图书广阔的市场前景，航空科普出版物处于大规模出版时期。

（三）航空科普出版多元化（2000年至今）

2000年以来，随着航空越来越深入公众的日常生活，特别是青少年早期航空教育再度受到重视，航空科普出版一度成为科普出版的热点之一。

1. 给青少年的航空科普图书

航空科学技术知识内容广泛，以青少年为主要读者对象介绍航空知识，并以图文并茂的形式展示，如《图解航空技术》《奇妙飞行100问》《航空航天一本通》等。其中，航空科普图书《不可思议的纸飞机》于2009年首印，截至2018年已重印11次，年销量一直稳定在5000册左右，累计发行58 000余册，属于典型意义上的畅销书。这本来自我国手工爱好者云集的台湾省的一位航空工程师的科普图书《不可思议的纸飞机》，既迎合了航空爱好者对飞机的喜爱，又让他们在实际操作过程中，收获极大的成就感和满足感。书中以照片的形式解析23种世界著名军机的制作方法，彩色实拍步骤图片，让读者一看就懂。至此，"手工制作飞机模型"题材既有"好玩、有趣"的特质，又具有"增强孩子动手能力"的"益智"光环，还因模型原创性强，制作方法独一无二，难以被模仿，所以易于形成"独家"出版的效果。"好玩、有趣"的航空科普图书成为出版趋势。

这一时期的航空科普丛书数量众多，仅航空工业出版社就出版了多套航空科普系列丛书，如《新世纪航空模型运动丛书》（2012）、《中小学航空科普知识读本》（2017）、《青少年航空研学科普丛书》（2019）、《航空发动机科普丛书》（2021）等；广州出版社出版的《航空模型运动小学教材》（2017）、西北工业大学出版社出版的《翱翔圆梦科技知识普及丛书》（2019），以及光明日报出版社出版的《北航老故事丛书》（2019）等，都吸引读者从多个角度去了解航空知识，培养航空兴趣。

2. 专家参与航空科普写作

关于航空前沿技术的写作颇具影响力，2000—2001年，在中国科协支持下，中国航空学会组织20多位专家撰写，并由顾诵芬担任主编的大型科普图书《21世纪学科发展丛书·现代航空技术》，由山东教育出版社于2001年11月正式出版。2001年10月，科普图书《蓝天雄鹰探秘》出版，也是由著名飞机设计师顾诵芬任主编。诸如此类的大型航空科普图书的出版也体现了我国航空科学技术的飞速发展。

2003 年 9 月 17 日，北京航空航天大学出版社召开《百年航空系列科普丛书》首发式，为"航空百年"纪念活动献上一份厚礼。该丛书由《千年梦圆》《神鹰凌空》《灿烂群星》《擎天英杰》《蓝天飞翼》《天宫明珠》《碧空硝烟》《血的洗礼》《长空之吻》和《翼海撷英》10 本书组成，每本独立成书，各有侧重，从中外航空发展史、杰出人物、著名战机、著名空战等不同视角，描述百年航空历程的不同方面[105]。时值直升机首飞一百周年之际，由中国航空科技工业股份有限公司（简称"中航科工"）和北京航空航天大学出版社合作推出我国首部直升机原创科普丛书——《直升机的世界》，全书彩色印刷，共分 3 册，包括《岁月之旅》《扶摇直上》《中国足迹》，分别介绍直升机的发展、应用和中国直升机的发展历程。

2016 年，北京航空航天大学出版社还策划出版了《空天传奇系列科普丛书》，共 8 本，均由航空航天科普名家撰写，如中国空间技术研究院研究员庞之浩、北京航空航天大学教授李成智等人。

3. 航空科普新期刊面世

航空科普期刊数量增多，内容呈现多样化。1999 年 11 月 20 日，《航空企业文化》杂志创刊。2000 年 1 月 18 日，原《航空政工研究》与《航空青年》合并，从 2000 年第一期开始，正式改刊名为《航空人》。2007 年 12 月，经国家新闻出版总署批准，中国航空工业第一集团公司所属杂志《在线技术》更名为《军工文化》，2008 年正式创刊，在国内公开出版发行。这对弘扬军工文化、演绎和诠释军工精神起到积极作用。地方航空学会发行的出版物，也起到一定的航空科普作用。而《航空知识》《航空模型》继续在航空科普杂志期刊领域发挥重要作用。

2011 年 1 月 18 日，中航出版传媒有限责任公司（简称"中航传媒"）在北京成立，该公司由航空工业出版社、《国际航空》杂志社、北京航宇音像出版社（中国航空工业声像中心）转企改制、重组整合而成。航空出版机构的转型，预示着我国航空科普在逐步走向市场化、产业化与公益性并肩前进的道路。

4.航空历史的出版发挥科普的功能

2000年以后，我国的航空科普出版更加多样化，但航空历史题材的出版依旧发挥着重要的科普功能。

2006年，成飞集团高级工程师陆英育担任《成飞公司军机研制简史》主编，全面主持该书的编撰出版。该书记载了成飞公司军机研制的历史，对各主要军机进行评述，系统总结了成飞公司军机研制发展的经验教训，研究并探讨了实现军机研制跨越式发展的规律，为未来新机研制提供了借鉴作用。2008年10月，该书出版发行，为成飞公司50周年庆典献上一份厚礼。

中国航空工业史编修机构于2010年3月17日成立，林左鸣任编修领导小组组长。2010年3月18日，中航工业集团在北京开启了历史上第二次，也是规模最大的修史工作。林左鸣总经理在启动大会上指出，编修中国航空工业史是一项具有历史意义的系统工程，是总结历史，面向未来，加速建设世界航空强国不可或缺的重大举措。2011年3月10日，在新中国航空工业60周年即将到来之际，《歼-10飞机研制史》《中国航空工业人物传·领导篇》《中国航空工业人物传·专家篇》《中国航空工业老照片1》《中国航空工业老照片2》《中国航空工业老照片3》《中国航空工业大事记（1951—2011）》等7本书定稿，交付出版社出版，是中国航空工业史编修办公室的第一批正式成果。

这一阶段所呈现出的航空史写作主要涉及航空人物、航空科学技术发展史，除上述作品，还有《GE航空发动机百年史话》（2015）、《大国航空——从百年奋发到世纪辉煌》（2018）等。中国航空工业史编修办公室《忠诚奉献 逐梦蓝天——新中国航空工业70周年70件大事》于2021年由中航传媒出版；中国航空工业史编修办公室连续编著《极简中国航空工业史》《中国航空研究院简史》《中国航空工业机载简史》《中国预警机发展简史》《中国航空工业飞机设计室简史》《中国战斗机简史》《中国直升机简史》共7册简史，并于2022年由航空工业出版社出版。

5.通用航空成为航空科普的主要内容

通用航空科普成为这一阶段航空科普中的重要主题。2014—2016年，中航通用飞机有限责任公司与中航传媒联合组织业内专家、学者编著《通用航空产业发展丛书》，并由航空工业出版社出版。该丛书系统、全面地介绍了国内外通用航空产业发展历史、现状及趋势，并介绍产业经营与理念，很好地发挥了科普图书的作用，普及通用航空知识及通用航空文化，让社会大众了解通用航空与人类生活的密切关系，了解低空飞行的特点及乐趣，激发社会各界人士关注通用航空、参与通用航空、使用通用航空的热情。《爱飞客通用航空产业发展丛书》第一辑出版了《通用航空产业研究》《美国通用航空法》《航空文化与通用航空》《世界通用飞机》《通用航空的基石——FBO》《公务航空市场研究》6本图书。在丛书编写过程中，著作者既立足通用航空产业发展的宏观层面，又兼顾通用航空产业发展的中观和微观层面，通过构建相对完整的通用航空产业理论框架体系，使业内人士、航空爱好者及广大民众对通用航空产业有较全面的认识，为推动我国通用航空产业发展起到重要的指导作用。

随着我国航空科学技术的发展，航空科普原创作品越来越多，作品质量也越来越高，兼具科学性与趣味性，通俗易懂，可读性强。除了航空科学技术知识本身，航空科技发展历史也成为航空科普图书的一大主题。

二、航空影视重视科学与文化的结合

影视作品通过具有吸引力的画面和音乐，直观地展现产品和人物形象，与其他文化产品相比，具有强烈的感染力和视觉冲击力。在中国航空科普史上，航空科教影片出现得比较早。自1932年中国教育电影协会成立后，该协会先后委托金陵大学理学院拍摄教育电影共100余部，并且在国内外广泛流通，占中国教育电影协会拍片总数的90%以上[106]。其中，金陵大学理学院教育电影部于1948年摄制的名为《交通》《交通工具的发展》[107]的科教片，是有据可查的我国最早涉及飞机的科教片，影片逐步介绍了人类使用的交通工具，包括当时最先进的飞机的情况，形象地告诉观众科学技术在人类交通领域的应用与发展，向人们介绍了科学知识及其对社会的作用[108]。而金陵大学理学院教育电影部主任孙明经则为此发挥了不可替代的作用。孙明经，

1934 年毕业于金陵大学物理系,留校任教并兼任金陵大学理学院电影教育部副主任,并被聘为中国电影协会会员,组织拍摄纪录电影、科教电影近百部,是中国早期科教电影事业有实绩的开拓者。

（一）航空科教电影的起步（1949—1977 年）

自中华人民共和国成立以来,党和政府非常重视科教影片的宣传教育工作。1949 年,北京电影制片厂（简称"北影厂"）、上海电影制片厂（简称"上影厂"）相继成立。同年,中宣部中央电影事业管理局成立,后来,该局改由文化部领导。1952 年,该局决定成立科教影片组,后改名为科教影片总编室。1953 年,科教影片总编室扩建成上海科学教育电影制片厂（简称"上海科影"）。同年 12 月,《关于加强电影制片厂工作的决定》要求有计划地制作纪录片、科学教育片,宣传和推广与群众日常生活、生产有关的适合一般群众水平的各种科学和技术知识。1960 年 3 月,北京科学教育电影制片厂（简称"北京科影"）成立,后成为国内外有影响的重要科教片生产基地。

不过,新中国成立后至 1966 年上半年,我国的航空科教片屈指可数,只有北京科影原编导李昭栋于 20 世纪 60 年代初拍摄的教学片《飞机为什么能飞》[109]、上海科影和北京科影共同拍摄的《滑翔运动》等少数几部[110]。到 1978 年,为了普及航模运动,相关部门组织创作了多种形式的航模作品,除了出版航模图书,还包括 1978 年在全国发行、放映的由上海市体委编写、上海市科教电影厂拍摄的彩色科教片《航空模型》。

这一段时间更多的是引进国外作品。20 世纪 50 年代翻译并观摩了大量苏联及民主德国等社会主义国家的科普影片共 100 多部。这些科普影片不仅丰富了当时中国的科教影坛,也对中国科教电影的创作模式产生了很大的影响[111]。在屈指可数的科教片中,与航空科普有关的科教片依然值得提及。1950 年和 1951 年,北影厂和长影① 翻译了一批苏联科教片,其中包括 1950

---

① "满映"全称为"株式会社满洲映画协会",又名满洲电影股份公司,成立于 1937 年 8 月。1946 年,由中国共产党接手并改称为东北电影制片厂,简称东影,新中国成立后改名长春电影制片厂,简称长影。

年长影翻译的《第一架飞机》[112]及1951年东影翻译并公开发行的苏联影片《俄罗斯航空之父》。

（二）航空影视重在普及航空科学知识（1978—1999年）

改革开放以来，随着声像技术的发展，充分发挥航空科技声像工作在航空科普教育中的重要地位和作用，成为业内领导和广大航空科技声像工作者共同努力的目标。在这一方面，中国航空学会及其后来成立的航空科技声像协会发挥了重要作用。

1. 中国航空学会参与制作的科技声像片

从1978年始，中国航空学会配合电影制片厂、电视台编写摄制了科教影片。例如，1984年5月10日，中央电视台在新开辟的少年儿童专题节目"天地之间"中，播映了由中国航空学会普及教育委员会组织编辑和协助拍摄的"从风筝到飞机"短片；中国航空学会科普工作委员会和中央电视台、航空航天工业部第六二八研究所合作完成了5部航空科技录像短片《北京航空馆》《隐身飞机》《先进复合材料》《黑匣子》《少年航空班1992年滑翔夏令营》，并先后在中央电视台和北京电视台播出[113]。到20世纪90年代初，中国航空学会开始重视充分利用现代化传播媒介，充分发挥航空科技声像在航空科普教育方面的作用。

2. 航空科技声像协会的影视作品

虽然相比其他行业，航空系统的科技声像工作在我国起步较早，而且有一支比较稳定的创作和制作队伍，分布在航空科研院所、航空院校和大型航空企业等单位，但科技声像依然没有成立专业部门。根据科普工作发展需要，1990年12月，中国航空学会成立科技声像协会，由科普工作委员会领导，并由空军、民航、陆航、海航、体委等多个部门组成。成立后，为进一步推动航空系统科普声像工作的开展，1991年，航空科技声像协会举办首届声像作品"蓝天奖"，并连续举办三届[114]，对激励航空科技声像创作、提高航空科技声像创作水平起到十分重要的作用。

正值中国航空工业开创 40 周年之际,航空科技声像协会与北京航空航天大学、中央电视台专题部联合制作并播映了一批航空科普录像片,如《蓝天话雄鹰》《碧空展新翼》《航空梦》《预警飞机》《隐形飞机》《复合材料》等,由中央电视台"科技时代"栏目播出,再现了中国航空工业 40 年来的艰苦奋斗历程和取得的辉煌成就,普及了航空科技知识,并产生了巨大的社会影响力。

除了与中央电视台等单位合作,科技声像协会也组织编辑制作了不少作品,如《中国航空史话》《96 珠海航展》《军用飞机解密》等。其中《中国航空史话》(共分为古代史、近代史、现代史 3 部)广泛宣传了中国航空发展的历程和成就。该片获得当时国防科工委、新闻出版署、中国科协及航空工业总公司等部门授予的一系列嘉奖,并引起了国外制片商的关注。之后,《中国航空史话》作为 17 集系列片讲述世界航空史的《世界之翼》中的一集,在世界范围发行。向社会公众,特别是青少年全面传播航空科技知识的航空科普系列片《飞向蓝天》也获得成功,其中《上天之路》获得 1999 年新闻出版署和中国科协联合举办的第 6 届全国优秀科技声像制品奖;《共舞蓝天》到 2000年已售出 5000 多套;《共舞蓝天》《空中战神》《天际繁花》这三部影片入选《"九五"国家重点音像出版规划》,并得到中国科协的经费支持,为系列片的顺利完成起到重要作用 [115]。

这一时期的航空影视作品主要由中国航空学会及其所属航空科技声像协会担当制作,除了普及航空知识,航空影视创作在内容方面已经开始注重航空文化的普及。

(三)航空影视转向航空文化的弘扬(2000 年至今)

到 21 世纪,航空文化的普及成为航空科普的一大主题。发挥影像制品的作用,通过电影、电视剧等生动形象的影像制品来传播航空文化,越来越引起航空科普界的关注。

1. 对 AG600 进行广泛而深入的电视报道

通用航空的"国之重器"——大型水陆两栖飞机 AG600 系列的宣传成为

通用航空文化传播的一大事件。作为我国自主研制的"三个大飞机"之一，大型灭火 / 水上救援水陆两栖飞机 AG600 是为满足我国森林灭火和水上救援的迫切需要，而研制的大型特种用途民用飞机，是国家应急救援体系建设急需的重大航空装备。

2014 年，中央电视台新闻联播曾 4 次播出 AG600 大部件交付的新闻，甚至以头条播出。央视新闻频道新闻直播间、24 小时、东方时空，中文国际频道中国新闻等栏目连续播发"大型水陆两栖飞机大部件交付""世界最大在研水陆两栖飞机将完成总装""中国自主研制大型水陆两栖飞机预计 2016 年首飞"等新闻报道，进行详细介绍和深度分析。凤凰卫视、北京电视台、陕西电视台、四川电视台等也进行了专题报道。中央人民广播电台、新华社、人民日报、香港文汇报、中国日报、南方日报、羊城晚报等国内主流媒体和网易、搜狐、新浪等知名网站也进行报道，500 多家媒体进行转载。对 AG600 广泛而深入的宣传，迅速传播了通用航空在森林灭火、水上救援等社会公益方面的文化知识，加深了社会公众对通用航空的理解和认识。

2. 影视剧大力宣传航空工业

影视剧可以加强观众对一个行业的初步了解。中航工业集团就通过拍摄电视剧、电影、话剧等影视作品来宣传航空人物和航空产品。2021 年，由中航工业集团、工信部工业文化发展中心、空军政治工作部宣传文化中心荣誉出品，中央电视台、陕西文化产业投资控股（集团）有限公司、上海尚世影业有限公司等多家媒体公司联合出品的中国首部航空工业题材电视剧《逐梦蓝天》在央视播出。《逐梦蓝天》以 4 个航空家庭为主线，全景式展现新中国成立 70 年间中国航空工业从无到有、从小到大、从弱到强的过程，生动翔实地展现出中国航空工业从零起步，到如今能与世界先进国家同台竞技的艰辛奋斗历程。《逐梦蓝天》是唯一获得工信部、中航工业集团官方支持的航空工业题材大剧，有助于观众广泛而深刻地了解我国航空工业发展史。

以接近生活的通用航空为题材的电视剧和电影制作在传播航空文化中具有其他方式无法比拟的优点。虽然从整体来说，作品数量并不多，但品质及其发挥的社会作用却不可低估。电影《吴大观》《十号机密》，电视剧《鹰隼大队》，话剧《追梦》等，也都取得了良好的宣传效果。

除了宣传报道，中航工业集团每年筹划制作《航空百问》系列视频，普及航空知识、传播航空文化，有助于提升国民航空意识，促进公众成为国家航空工业强国战略的参与者、推动者、实践者。航空影视剧等音像作品成为航空文化普及的一种重要形式。

三、互联网背景下的航空科普创作

在信息化时代，随着媒体技术的飞速发展，科普主要传播途径和方式已经发生了前所未有的变化。航空科普自然也不例外，除了传统的科普场馆、纸质媒介、影视作品外，以网络为基础的新兴媒体已然登上历史舞台并成为航空文化传播的重要渠道。前者继续发挥科普作用，后者主要借助计算机技术、网络技术、移动技术、通信技术等手段，以手机、电脑等为终端开展航空科普创作。

（一）中国航空学会迅速开展网络航空科普

随着信息技术的发展，网络加入广播电视、报纸杂志等媒体行列，成为航空科普工作的重要载体。2000年8月就已开通的中国航空学会网站增设了"百科园地"栏目，标志着中国航空学会以网络为平台向公众普及航空知识，内容包括航空经典收藏、模型天地、人物风采、航空运动等。2010年，中国航空学会科普工作委员会指导建立了民间网站"航空网"，成为宣传航空文化的网络阵地之一。2011年6月，应空军委托，中国航空学会与"航空网"合作，联手新浪、搜狐等门户网站，组织"八一飞行表演队"歼-10表演机涂装方案的网络展示和投票评选活动，引起广泛关注。仅"航空网"浏览量达上百万人次，投票人次约33万，留言2500余条，联合网站浏览人次达500余万。毫无疑问，网络迅速成为航空科普最重要的方式。

为进一步普及航空科技知识，加强青少年及社会公众对直升机（旋翼飞行器）的关注及认知，中国航空学会直升机分会于2016年6月至9月举办"中国陀螺·九州行·三和航空杯"全国直升机（旋翼飞行器）科普知识网络竞赛。该竞赛由河南三和航空工业有限公司、杭州市大关中学附属小学、江苏省航空航天学会、浙江省航空学会、南京航空航天大学直升机系协办，以飞梦网和航空中国网为网络平台，历时 3 个月，共有 21 个省、自治区、直辖市的近 1.5 万人参与此次竞赛活动。此次网络竞赛为传播直升机及旋翼类飞行器知识，提高社会公众及青少年航空科学素质等方面作出重要贡献。

（二）航空企业借助新媒体进行立体化宣传

为了树立企业形象、传播航空文化、强化国民航空意识，各大航空公司围绕企业的重大事件及公众关注的热点话题，借助新媒体开展大规模立体化的宣传。

1. 中航通用飞机有限责任公司搭建全媒体平台，传播通用航空文化

中航通用飞机有限责任公司建立了以新媒体为主的全媒体平台，形成了传播通用航空文化的基本途径。一是建立互联网站。中航通用飞机有限责任公司成立不久，即建立了自己的互联网门户网站（www.caiga.cn），以便及时发布企业及通用航空业界的新闻及社会热点。二是开设新浪微博账号。2011年"航空工业通飞"官方新浪微博开通。借助微博具有的快速传播特点，中航通用飞机有限责任公司发布通用航空的相关新闻，聚集粉丝，进行互动，并对一些重要事件进行微博直播。三是开设微信公众号账号。2013 年起，设立了"航空工业通飞"微信公众号，同时设立"爱飞客航空俱乐部""通飞青年"等微信公众号账号，作为开展通用航空活动及传播航空文化的重要途径。四是建立 APP 手机客户端。随着以智能手机、平板电脑为平台的移动互联网的发展，中航通用飞机有限责任公司建立了"爱飞客"客户端，集知识介绍、文化普及、新闻发布、客户管理、飞行预约、电子商务于一体，传播航空文化，拓展经营业务，形成了一个以新媒体为主的自媒体传播体系，发挥新媒体快速、高效及低成本的特点，同时针对不同题材，进行新媒体组合运用，加强宣传沟通，传播通用航空文化，助推通航产业的发展 [116]。

爱飞客航空俱乐部既是中航通用飞机有限责任公司重点发展的主营业务，

也是传播通用航空文化的有效途径，其本身具有很强的新闻性，易受到媒体和社会的关注，这是形成宣传舆论效应的有利条件。通过持续的系列宣传，爱飞客已被打造为通用航空文化传播的品牌。2014 年 5 月 28 日，爱飞客航空俱乐部的西锐 SR-20 型飞机从珠海金湾机场起飞，执飞全国首条低空航线："珠海—阳江—罗定"航线。这是 2010 年 9 月国务院和中央军委发布《关于深化我国低空空域管理改革的意见》以来，划设的首条低空飞行航线，是一次低空开放先行先试的"破冰之旅"。爱飞客首航全国首条低空航线的消息引起了媒体的广泛关注，全国各大主流媒体、门户网站竞相转载，掀起了一股"通航热"。此外，对全国爱飞客航空俱乐部的建设进展、爱飞客组织的会员活动等都进行了及时的宣传，对会员飞行所拍摄的图片和视频，进行编辑处理，通过微信公众平台进行传播，持续不断地传播通用航空文化，塑造爱飞客品牌，吸引越来越多的人热爱航空、投身飞行。

中航通用飞机有限责任公司打造自有全媒体平台，并且与社会的媒体资源相对接，形成了互补互动的通用航空文化传播格局。

2. "上飞"微信公众平台释疑解惑

中国商飞上海飞机制造有限公司（简称"上飞"）是中国商用飞机有限责任公司下属的飞机总装制造中心，是国内唯一生产自主知识产权的干线飞机和支线飞机总装基地。2013 年 10 月 29 日，"上飞"微信公众平台正式开通，并于 2014 年 1 月 16 日完成微信实名认证，认证名称为"上海飞机制造有限公司"。

"上飞"微信公众平台开辟了多个子栏目，起到航空科普的作用。例如，子栏目"头条"，围绕型号研制重大进展，以简练的语言，多方位、全视野展示事件的动态，增强青少年的航空意识和爱国热情；子栏目"全球眼"，以青少年为对象，发布航空业最新动态，行业内最新研究方向，技术最前沿信息等，启迪青少年科学思维，推进青少年科技教育，以提高青少年科学素养；子栏目"悦读"，以读书思考、事件评论、故事讲述等生动活泼的形式展现飞机研制过程中的点滴精彩，以培育青少年的航空兴趣与热情。

"上飞"微信公众平台打破科普时空限制，帮助青少年从科学角度解读公共事件，在重大突发性新闻面前展现出其科普优势。2014 年 3 月 8 日，马来西亚航空公司（简称"马航"）飞往北京的 MH370 航班失联；3 月 10 日，"上飞"微信公众平台根据官方消息立即对事件进行客观说明，并倡议停止传播、转发不实信息。微信公众平台打破时空限制，快速传播的特点，更好地把握了突发公共事件发生后的媒体科普传播机遇[117]。

（三）《航空知识》与大众媒体的融合发展

在新的媒体业态下，科技期刊与大众媒体的融合发展是双方共赢之道。科技期刊作为传统纸媒，如果不进行媒体融合发展，其影响力会越来越局限于日益减少的传统阅读者，这对于当代科技期刊的发展是严重阻碍。在我国，科技期刊与大众媒体的合作开始得较晚，2007 年 1 月，中国科协在国内启动"科技期刊与大众媒体见面会"制度，搭建科技期刊与大众媒体的桥梁。通过见面会，一些科技期刊向全国性和地方性报刊、网站、广播电台等大众媒体，推荐最新发表的具有原创性、新闻性或对社会发展和人类生活有可能产生重要影响的科研成果，在传播科技信息的同时大大提升期刊的品牌影响力。

1.《航空知识》杂志与广播、电视的融合发展

大众媒体的受众可以多到以亿为数量级计，相比之下，科普期刊的受众则非常有限，如《航空知识》，虽然作为传统纸媒，《航空知识》读者众多，但它参与的北京交通广播"航空在线"节目的收听人数经常会达到二三百万人次，这是纸媒很难超越的。"航空在线"开播以后，《航空知识》逐渐扩大与北京广播电台的合作，合作范围扩大到读书频道和新闻频道，涉及多个节目。这些节目播出后，北京广播电台的听众通过节目了解了《航空知识》及其主创团队，无形之中让杂志的品牌知名度获得显著提升。在 2014 年"马航MH370 事件"发生后，引起全球民众的关注。《航空知识》利用专业优势与包括中央电视台在内的多家广播、电视台等大众媒体合作，就空难发生的可能原因、调查和搜寻方法，以及乘客如何规避和自救，给予客观科学的解读。抗战胜利 70 周年阅兵、神舟飞船载人飞行、波音公司成立百年之时，《航空

知识》也借机与大众媒体联合推出科普节目，在提升大众媒体科普节目科学水准的同时，为其注入重要的文化元素，受到社会各界的好评。

在与大众媒体合作过程中，《航空知识》主创团队不断借鉴并吸收大众媒体节目的优秀文化元素，在杂志的选题策划、素材选择、版式和语言表达等方面做出诸多改进，收效显著，读者指出杂志变得比过去"好看易读"了，这些都得益于大众媒体的文化借鉴[118]。

2.《航空知识》杂志的手机报（刊）科普实践

手机报（刊）出现在智能手机之前的功能手机时代。我国第一张手机报是 2004 年 7 月《中国妇女报》推出的《中国妇女报·彩信版》。由此，手机报引领手机作为一种媒介，正式加入大众传播媒介的行列。以《航空知识》为例，2012 年 5 月开始，《航空知识》《兵器知识》《舰船知识》"三大知识"杂志与一家主营手机报的网络运营商合作，每月各出版 1 本手机刊。鉴于当时智能手机并不普及，手机报是一种收费的新媒体形式，杂志社为此投入大量精力来制作手机刊。在选题策划方面，根据军迷的喜好，设置"烽火连天""航空画廊""航空模型""特别策划"等多个栏目，每篇文章以精选的图片配简短的文字说明，以适应移动阅读的需求。不过由于这种付费形式的手机刊越来越不能得到用户的认可，2014 年 4 月，"三大知识"手机刊宣告停刊。同时，《航空知识》杂志社的科普编辑团队通过出版手机刊的实践，对基于移动传播的新媒体有了新的认识。

3.《航空知识》杂志手机微传播的探索

近些年，智能手机的普及使受众养成了全时在线、随时在网、即时消费的习惯，在中国移动的营业收入中，流量收入占比越来越大，到 2016 年，流量已成为其最大收入来源，超过语音、短信等主营业务的收入。以微博、微信、微视频和客户端这"三微一端"为载体和平台的"微传播"新媒体时代已经来临，信息传播方式发生了根本变化，大众的阅读习惯转向移动阅读。

随着 2009 年新浪微博的推出，航空知识杂志社在 2012 年年底开通了两本科普期刊《航空知识》和《航空模型》的官方微博，目的是为更多航空爱好者和航模爱好者服务，与受众展开实时互动，在更广大的用户中进行航空科普，从而达到提升期刊品牌影响力，并更多地聚集粉丝，尽可能将其转化为纸刊读者的目的。两刊的微博内容以图片和视频为主，是纸刊内容的扩展延伸，丰富了纸刊的展现形式，提高了期刊的传播效率。两刊的微博还设置与杂志官网、微店、微信链接，使用户多样化需求得到满足。

2011年，微信作为腾讯公司推出的手机聊天软件，一经推出，就以惊人的速度抢占受众市场，才面市一年，注册用户即已超过两亿。微信公众号营销作为一种炙手可热的方式，出现在人们的视野。在这种情势下，微信公众号平台也成为《航空知识》杂志社媒体融合发展的着力点之一，《航空知识》杂志社旗下的《航空知识》和《航空模型》两本杂志已开设微信公众号（订阅号和服务号）。

到目前为止，《航空知识》已经在微信公众号今日头条、网易微刊等平台上推出其专属品牌，不同平台一年累计有数千万次的阅读量。在经营方面，《航空知识》微信公众号经过摸索，确定了软文宣传＋开设微店的方式，微店主要经销针对平台粉丝需求的航空周边产品，包括飞机模型、航空科普图书，同时微店也成为期刊新的发行渠道。《航空知识》微信公众号也成为线下活动的重要宣传招募阵地，参加航空旅游和航空夏令营的许多团员都来自于微信粉丝。通过微信，《航空知识》既普及了航空科学技术，又进一步地多角度地宣传了自身。

《航空知识》还通过手机科普游戏、移动直播、移动APP航模社区等平台，把传统的媒体单向传播形式，转变成双向，甚至多向的媒体服务平台[119]。可以说，《航空知识》杂志社抓住时机，充分利用当下新媒体平台，向各群体，特别是青少年展开"攻势"，抢占有利先机，吸引受众，成为新媒体背景下航空科普中的经典案例。

（四）航空科普微视频的发展

随着新媒体技术的发展，在如抖音、快手等短视频平台中已经出现很多自媒体人，他们以平民化视角、碎片化呈现的方式，用微视频的形式以全新的视角把科普带到公众面前。

做飞机相关科普的抖音创作者"飞行员欧文"是个特别的存在。欧文曾在加利福尼亚大学学习，26 岁前成功考取美国联邦航空局固定翼飞行员执照和美国联邦航空局直升机飞行员执照，成为当时国内少数同时拥有"两证"的飞行员之一。目前，作为河南省航空业协会专家的他，在抖音平台通过视频向大众普及与飞机相关的知识，全网粉丝量超 400 万。

2020 年年初，因为疫情"宅"在家，欧文萌生了制作科普视频的想法。通过视频把知识变成生动有趣的故事，他希望有更多人了解通用航空，并鼓励更多热爱航空的人坚持梦想。为了方便粉丝查看，欧文把自己的视频分为"宇宙的奥秘""欧文讲世界空难""世界著名客机的故事""与你相关的航空以及科普知识"等 9 个合集。其中，"与你相关的航空以及科普知识"系列最受欢迎，截至 2021 年 10 月，累计播放 16.5 亿次。从备受关注的"航展中国黑科技"到不断发展的电动车驾驶体验，再到大众关注的空难生存手册，欧文用自己多年的积淀，把专业又复杂的知识讲解得深入浅出，让看似"遥远"的飞行知识也变得平易近人。

现在，抖音平台里像"飞行员欧文"这样的知识创作者越来越多，他们把专业知识讲解得通俗易懂，用时长几分钟的短视频进行分享，让知识获取变得更简单，也让碎片化学习有了更多可能[120]。除了"飞行员欧文"，还有"丘老九""托勒密""飞行砖家王机长"等，他们都是航空爱好者，并开始借助视频从事航空科学传播。而在各大自媒体平台，如 B 站、西瓜视频等，都有他们的身影。

互联网背景下的航空科普，以更生动的语言文字、图像、视频等形式，以一种亲和、平民化的风格呈现出来，让民众切身感受到航空距离自身并不遥远，从而逐渐提高其航空素养，进而推动整个社会航空文化的形成。

第六章 航空科普中的科学家与科普名家

航空科普人才济济。航空科普工作者大概可以分为三类：第一类是科学家，这是科普人才中非常重要的群体，特别是不少航空领域的专家直接从事或支持航空科普工作，如钱学森、季文美、史超礼等老一辈科学家；第二类是专职科普人才，如航空科技场馆、校外教育机构的科技教师及专业的科普作家；第三类是业余科普创作者，在做好本职工作的同时，出于对航空的热爱，他们会在业余时间从事航空科普创作。这三部分群体构成了我国航空科普工作的主要力量，无论是业余人士，还是专职科普从业者、科学家或相关科技工作者，都在航空科普工作方面取得重要成就。他们中有的人专职负责航空科普期刊的编创，有的人从事博物馆工作，有的人则是因为自己在本行业取得杰出成绩而从事科普工作，有的人独辟蹊径，走出一条不同于常人的科普道路。

一、钱学森的支持与指导

我国著名科学家、空气动力学家、中国载人航天奠基人——钱学森，对科学普及工作极为重视和支持。他认为，科学普及是学会的一项重要任务，要加以重视。所以中国航空学会主办的《航空知识》从创刊开始就得到钱学森同志的大力支持。他为《航空知识》复刊后第一期（1964年1月号）撰写发刊词，题为《祝〈航空知识〉复刊》："作为一个力学工作者，我的工作与航空技术有着密切的联系，因此对《航空知识》的复刊感到特别高兴，并在此表示祝贺，祝《航空知识》在这一项重要的科学技术普及工作中取得成就。"

他曾几次写信给《航空知识》编委会，对如何办好航空普及刊物提出一些很好的意见，特别是他早在 20 世纪 80 年代初的一封信里，就预见民间群众性航空活动的发展，在我国是大有前途的事业，希望《航空知识》大力提倡和宣传 [121]。在《航空知识》发展的道路上，钱学森同志继续从不同方面以多种方式对其支持和指导，并希望《航空知识》不仅要普及知识，也要普及推广群众性的航空活动。

钱学森同志除了积极支持并参与科普工作，也号召并组织科学家参与科普工作。他说过，"人民给了我们科学知识，作为一个科学家，有责任把科学知识还给人民，这是我们义不容辞的社会义务" [122]。事实也是如此，在我国航空事业发展之初，就有不少航空领域的专家为我国航空科普作出重要贡献。

二、航空教育工作者投身科普

（一）季文美对航空科普的贡献

在长达近 70 多年的中国航空教育历程中，航空教育家、现代力学家季文美教授发挥了非常重要的作用。季文美在 20 世纪 40 年代初执教于国立交通大学，是当时教授会主要成员之一，被赞誉为"交大英才"、名师、中国航空学术团体工作的领路人。季文美为我国航空教育事业培养了众多航空专家，许多在航空、航天及其他领域卓有建树的著名专家、学者都曾是他的学生，如屠基达、顾诵芬、庄逢甘、吴耀祖、朱位秋、徐德民等院士，以及程崇庆、孟光等教授。

季文美于 1930 年考入国立交通大学电机工程系，毕业后考取公费留学，赴意大利都灵大学攻读航空工程专业，1936 年获得博士学位。1949 年之后，他以满腔热情专心致力于新中国航空教育事业和科学研究，先后任西安航空学院副院长和西北工业大学教务长等职；1983—1993 年，兼任中国航空学会第三届、第四届理事长，终身名誉理事。季文美一直工作在航空工业部门和教育部门，长期从事教学实践和教育管理研究，为我国航空工业发展、航空科普教育和国防现代化事业贡献了毕生精力，并形成比较系统的、独特的科普思想和方法。

作为教育家，季文美十分重视航空航天教育和普及工作，关心航空事业后备人才的培养。早在1944年，他在国立交通大学任教时就倡导制作航空模型，使其成为我国航模运动的开端。新中国成立后，他为筹建航空博物馆、开展早期航空教育，多次向国家领导、省市级相关领导提出意见或建议。这些意见和建议，得到中央领导批示，国家教委及地方政府大力支持，有的已经付诸实施并产生深远影响。

1. 筹建航空航天博物馆

在季文美的关心下，中国航空学会已创建北京航空馆（1986年开馆，现为北京航空航天博物馆）、西安航空馆（1987年开馆，现已搬至西北工业大学长安校区）、南京航空馆（1992开馆，现为南京航空航天博物馆）[123]，其中，季文美亲自担任北京航空馆的顾问。

为了更好地发挥陕西省及西安市的历史、地理、文物、教育和航空科技等方面的优势，为了加强陕西省人民的航空意识，鼓舞为发展科技振兴航空的斗志，时任中国航空学会理事长的季文美先后撰写、修改并提交了《关于筹建"陕西省航空航天博物馆"的建议和可行性研究报告》（1992年1月呈陕西省白清才省长、西安市崔林涛市长的报告）、《在西安筹建航空航天博物馆的倡议》（1992年年初）、《关于在西安筹建航空航天博物馆——给江泽民主席的信》（1993年12月30日）、《关于筹建西安航空航天博物馆——给马文瑞书记的信》（1994年9月3日），力求能够在西安市顺利建成一座陕西省航空航天博物馆。

倡议提出后，很快得到西安市等各级领导的支持。季文美积极配合，做了大量相关工作，包括邀请校内外有关专家、教授、退役飞行员和地勤人员，组织多次座谈、讨论；设计航空航天博物馆的总体规划和主要内容；联系调拨飞行器和各种装备；准备系统的、通俗的科技说明；收集和设计适合展陈的文娱项目和设备；确定逐步建设的步骤，探索吸引投资的途径。到他去世前，一直为建设一个集教育、培训、娱乐于一体的新型综合性航空航天博物馆操劳，这项工作也倾注了他多年的心血和汗水。

2. 指导早期航空教育

季文美在从事高等教育理论与教学的同时，也十分重视开展早期航空教育。他认为，人才培养要选育结合，择优而育、优则成才、逐步而进，要像金字塔，早选即能早栽育，是塔基，层层提高，愈高愈尖，而后才能超越国际先进，这是他的思想和基本哲理。而这里的育，就是指教育、早期教育，也就是以青少年为对象的科普教育 [124]。

重视早期航空教育

季文美在任中国航空学会理事长期间（1983—1993 年）对青少年航空教育有诸多思考。1986 年 3 月，中国航空学会在景山公园举办面向青少年的航空知识咨询活动，邀请包括季文美在内的著名科学家参加。对此，季文美认为，"不能小看对青少年科普教育的意义。这可以影响到国家未来一代科技队伍的素质和水平。青少年在成长中接触到新知识，启发了他们的兴趣和志向，很可能影响他们的追求和发展道路，很多人在学生时代很喜欢航模活动，这与后来选择航空有很大关系" [125]。

他认为，开展早期航空教育即可以培养兴趣和爱国主义，并使之升华为航空志趣，而且有利于树立坚强的事业心，对一些风险高、环境艰苦的岗位尤为重要，从 18 岁起培养事业心已太晚；提前接触高科技基础知识和实践，提高全民航空意识，更有利于培养国防建设及航空事业人才。

支持航空学会开展青少年航空教育

他要求中国航空学会下大工夫探讨青少年科技教育的方法和效果，并把青少年教育提高到影响国家科技队伍素质和水平的高度来认识。在他的支持下，中国航空学会科教部积极开展航空科普活动。航空夏令营、飞行夏令营、航空知识竞赛等青少年科技教育活动的规模不断扩大，形式也更加多样化。在季文美的组织下，中国航空学会总结早期航空教育的经验，使之"走向"全国 [126]。此后，中小学开设与航空相关的活动课程，安排航空模型制作和放飞项目；在青少年校外教育机构中，开设制作航空模型活动；在一些基础较好的普通高中开设"航空特色班"，加强航空教育实践（如跳伞和滑翔），为培养优秀航空人才打下基础。

联名上书建议开展早期航空教育

卸任中国航空学会理事长后，季文美依然关心青少年航空科普教育事业。1996 年 11 月 5 日至 10 日在珠海举办的首届珠海航展中的飞行表演，令季文美感受到我国航空事业和飞行技术与国外有明显的差距。相比国外航空教育已深入到中小学，甚至幼儿园，我国目前航空高层人才的培养，从大学"航空概论"才开始，这显然不够。他认为，有必要采取措施弥补这一差距。

因此，以季文美为代表的 130 名航空专家，上书时任中共中央政治局委员、国务院副总理李岚清同志，建议在我国开展早期航空教育。建议认为，有必要把早期航空教育提上日程，并对这一概念进行解读。早期航空教育是指在中小学时期，把航空教育渗透于课程计划并开展课外特色教育，如航模、滑翔、飞行、参观机场和航空博物馆，或到空军部队举办夏令营等[127]。李岚清副总理把他们的建议批转国家教委，并于 1997 年 4 月 1 日由国家教委办公厅复函季文美，感谢专家对我国航空教育事业的关心，并对有关建议作肯定性答复，并采纳他们的意见。

开展早期航空教育理论研究

为了给我国的早期航空航天教育提供必要的理论依据和探索实践，1997 年 2 月，由海军指挥学院任组长单位、中国航空学会任副组长单位的"早期航空航天国防教育实施工程研究"课题组成立，被列入全国教育科学"九五"国防军事学科规划，季文美任课题组顾问。他经常询问课题组的进展情况，指导课题研究。在季文美的关心下，该课题在他去世前顺利完成[128]。从此以后，继新中国成立之初经毛泽东主席倡议和贺龙元帅亲自关怀下建立起的完整早期航空教育体系重新恢复，并得到广泛开展。

从最初的科学救国，到后来的科教兴国，季文美通过从事高等教育，关注青少年航空教育、继续工程教育、创建多所航空博物馆等方法，几乎把毕生精力倾注于国家的航空及航空教育事业。早期，他是出色的航空工程师；

回归高校后，他热衷于航空教育；在出任中国航空学会理事长期间，他不愧为社会活动家，为航空科普及教育事业尽心尽力、出谋划策。1991年10月1日，为了表彰季文美为发展中国高等教育事业作出的突出贡献，国务院决定从1990年7月起为其发放政府特殊津贴并颁发证书，航空航天工业部授予他劳动模范的荣誉称号。

（二）史超礼与《航空概论》的普及

作为航空教育启蒙的奠基人，北京航空航天大学教授、著名航空科普教育家史超礼一生积极从事航空教育。早在重庆滑翔总会任职期间，史超礼就多次在报纸上发表有关飞行知识的短文，之后在美国华盛顿和西雅图等地工作期间，业余致力于航空科技信息资料及史料的研究整理，为日后编写《航空概论》打下基础，为培养祖国航空航天事业接班人作出贡献。他在航空领域出版的经典教材《航空概论》独树一帜，已发行多个版本，培养了一代又一代的学生和航空爱好者。

1. 史超礼的《航空概论》成为经典

作为课堂必修课程的《航空概论》

自1951年回国后，史超礼被分配到北京航空学院飞机设计教研室任教，之后在那里任教长达40年。任教之初，他就牵头成立《航空概论》教学小组。北京航空学院规定，《航空概论》为全校一年级学生必修课程。这门课是航空基本知识的总体介绍，内容丰富且深入浅出、富有趣味性，容易被接受，颇受学生欢迎。其后一段时间，由于对强化专业课思想的片面理解，出现了对《航空概论》课程的不同看法，《航空概论》教学小组也随之在20世纪50年代后期解散，这门课处于"各自为战"的状态。不过，史超礼对《航空概论》讲义和教科书的编撰与修订并未停止。1977年恢复高考制度后，特别是20世纪80年代以来，随着科学技术的进步，学科专业的渗透发展，以及学生对知识面拓宽的要求，《航空概论》课程的必要性逐步成为学者的共识，因而又成为北京航空学院新生的必修课。

《航空概论》改编为电视授课

由于学生大量增加，时值电化教学发展，北京航空学院决定把《航空概论》改编为电视授课。于是，1981 年春季，学校成立了以史超礼为首的《航空概论》系列片摄制小组，着手摄制工作，由北京航空学院电教中心负责摄制。制作时间历经 1 年，在 5 届学生用此教学方式授课之后，发现有其优点的同时也存在严重缺陷，尤其是学生容易感到疲劳、上课注意力不易集中，导致教学效果欠佳。因此，1986 年后，该课又改为面授为主，辅以少量录像和现场课。不过，这部教学系列录像片的需求者不断，一些院校也纷纷来复制转录[129]。

《航空概论》成为经典教材

几十年以来，包括中等专科学校和技校在内的许多航空院校开设此课所用的大纲和教材多以史超礼的《航空概论》为蓝本。所以，当人们一提到史超礼，就很自然地和《航空概论》联系在一起。史超礼编写的《航空概论》教科书共出过 4 种正式版本，先后于 1953 年、1960 年、20 世纪 80 年代初及 1986 年出版（以上为何述章在《忆史超礼教授和他的〈航空概论〉》中所言，可能与实际有出入，如孔夫子旧书网中查到的有 1955 年版，而无 1953 年版；"20 世纪 80 年代初"疑为 1978 年版）。全书包含以下主要章节：航空发展史、总论、飞行原理、构造概要、动力装置、设备仪表和军械。从第 3 版《航空概论》开始，增加火箭导弹和宇宙航行两章，基本上囊括了航空知识的不同方面，并涉及航天的内容，资料翔实、图文并茂，既是教材，又是可供广大航空爱好者阅读的高层次科普书籍。

2. 史超礼在航空科普创作中的其他贡献

史超礼除为我国航空教育留下珍贵的《航空概论》教材外，他还在其他方面支持航空科普工作。史超礼的航空启蒙教育不仅限于教学工作，他还是老一代航空科普作家、航空科普活动的积极分子。1978 年 5 月 23 日至 6 月 5 日，乘着全国科学大会的东风，中国科协经时任中共中央政治局委员和国务院副总理方毅同志批准，在上海浦江饭店召开"全国科普创作座谈会"。会议对如何繁荣科普创作进行了深入的讨论，并发起成立中国科学技术普及创作协会筹委会。史超礼、符其徇同其他科普作家专程赴上海参加会议[130]，为航空科普创作建言献策。

史超礼还参与创办《航空知识》；在 20 世纪 50 年代，他还翻译出版了大量来自英国、美国和苏联的航空航天教材和科普著作，并撰写了大量航空科普书籍和文章。他于 1964 年出版《飞机为什么会飞》，后又在 1973 年、1979 年出了新版。

1982 年，史超礼教授在北京航空学院招收航空航天发展史的研究生。20 世纪 80 年代至 90 年代初，他撰写《航空航天发展史纲要》的第一册和第二册，在北京航空学院油印出版，后来他的研究生继续其工作，撰写了一系列航空航天史领域的教材、学术著作和科普读物，包括《人类飞行的历程》、《航空航天发展史概论》、《世界航空发展史》（与顾诵芬同任主编）、《世界航天发展史》（与顾诵芬同任主编）等。通过航空科普创作和航空教育，史超礼为我国培养了很多优秀人才，使他们走上航空建设的道路。

得益于航空教育前辈的关注和支持，我国的航空科普特别是早期航空教育，及时地步入轨道，与航空事业发展齐头并进。

三、航空科普名家荟萃

我国航空科普开展得生机勃勃，与军转民政策下的航空工业建设分不开。同时，不少人为航空科普贡献出自己的力量，其中既有航空科技专家，也有专门从事航空科普的业内人士，还有专门从事科普创作的科普作家。他们以其高度的热情及专业本领，成为我国航空科普工作的中坚力量。

（一）航空史研究专家写科普

航空史是航空科普中的重要内容。我国有诸多航空史研究者，甚至有人终其一生致力于研究中国航空史，如姜长英。通过阅读航空史，读者能够对中外航空历史的发展脉络有整体了解，其普及航空文化的作用不可低估。

1. 姜长英的航空史研究与写作

姜长英是我国航空教育家、中国航空史专家、中国航空史学科的创立者和航空史研究的奠基人。

姜长英的《中国航空史》出版及价值所在

如前所述，姜长英对航空史的研究历经 70 多年而不间断。他自 20 世纪 30 年代起就开始有目的的收集航空史料，从事航空教育和航空史研究，并于 1949 年暑期写出《中国航空史料》初稿，1959 年写出《中国古代航空史话》初稿，1965 年又写成《中国近代航空史》初稿。3 本史稿的内容跨越上下几千年，一直记录到中华人民共和国成立之前，1982 年在西北工业大学分别印成讲义，作为航空史教材所用。2000 年 10 月，《中国航空史》（新版）由清华大学出版社正式出版。

姜长英在编著《中国航空史》的过程中引起了钱学森的高度关注，并 6 次写信探讨《中国航空史》的编写工作。巨著《中国航空史》出版后，为大家争藏，主要因为其史料之丰富，内容之翔实，加之其史论结合，分析科学，论断精辟，使该书成为史学界公认的经典之著。著名航空史评论家卢永正指出，"该书……总体能给人指南，给人钥匙，给人研究的资料库，确实具有百科全书的特色。因此，该书作者姜长英确实不愧为中国航空史的奠基人"。

姜长英为直升机正名

为直升机正名，纠正包括《辞海》、书刊、报纸、广播电视中把"直升机"误称为"直升飞机"的错误，是姜长英学术研究的一项重要成果，也是对我国航空科普教育的一大贡献。为避免这一错误且不科学的航空名词"模糊了航空基本概念，也妨碍着公众接受正确的航空科普知识"，姜长英为此奋斗了近 20 年，先后得到陕西航空学会、中国航空学会理事长办公室和中国航空工业总公司新闻办公室的肯定和支持。《中国大百科全书·航空航天》及全国航空类的书刊报纸上均已得到纠正，某些以错误名词为名的公司、学会也都更换错误内容，为直升机正名取得了初步胜利。

姜长英曾统计过 60 多种辞典、字典，把"直升机"叫作"直升飞机"的占 80%，而书刊报纸、广播电视几乎是 100%。姜长英深感忧虑，1982 年，他率先站出来纠正这一错误，先后在不同报刊上撰写了 24 篇有关文章，专门来论证它们的区别，指出混用的危害，呼吁各界尽快纠正。不久，姜长英又给当时的党中央总书记胡耀邦同志写信呼吁，信被批转给航空工业部，很快在航空系统出版物中得到纠正。但错误名词仍在文化新闻部门流传，为此，姜长英决定自费在报刊上登学术广告来纠正这一错误。直到 1989 年，经韩明阳介绍，他在《老人天地》杂志上刊登"为直升机和直升飞机正名"的学术广告，但其发行范围有限。姜长英深知"把直升机叫直升飞机的陋习已有近 40 年的历史……纠正陋习，不能用行政命令的办法，只能用正确的科普宣传来说服教育，所以纠正错误名词是个长期任务"。姜长英在不顾视力严重衰退的困难下，仍坚持研究、坚持宣传。1998 年，95 岁高龄的姜长英还研究了刊登在 1997 年 11 月《参考消息》上的一则消息——"快速高效航空器即将问世"，介绍一种新 V-22 型侧旋翼机。姜长英写出《V-22 型侧旋翼机》一文，认为"此机既是飞机，又是直升机，所以应该叫直升飞机"，成为他为直升机和直升飞机正名的最后一篇宣传文章，鼓舞着更多的航空史研究者和科普工作者来继续其事业 [131]。这一正名的前后本身就是一个非常经典的科普案例，充分体现了一位科研工作者在学术方面孜孜以求、认真负责的态度和精神。其成果《中国航空史》则成为航空爱好者了解航空精神的财富。

2. 周日新的航空工业史写作

航空专家周日新，出生于 1940 年，历任航空工业部副处长、处长、副司长，《中国航空报》《航空档案》总编辑。

周日新在科普创作方面成果颇丰，特别是在中国航空工业史方面，已经出版或合作出版了多部相关著作，如《中国航空工业 40 年》（1990）、《航空春秋》（2001）、《航空人物志》（2003）、《中国足音》（2007）、《航空工业六十人传》（2011）、《跻身喷气时代》（2013）等。他还制片、撰稿电视片《中国航空工业巡礼》3 集；撰稿电影《中国航空工业》等，通过多个角度把我国航空工业的历史发展呈现在公众面前。周日新编著的《百年航空》则全面梳理了世界航空史的发展脉络，讲述了航空历史中具有里程碑意义的重大事件，解析航空技术史上激动人心的重要突破，介绍了躬行于航空事业的先驱和精英人物。

除此之外，周日新还开展航空知识方面的科普创作，主编《百年航空系列科普丛书》（2003），撰写《航空人》（1999）、《科海奇观》（1999）、《中国航空图志》（2008）、《喷气惊奇》（2016）、《未来的交通》（2020）等科普作品。周日新还曾在《百家讲坛》节目主讲"飞机设计师的飞行生涯""航空史中的十大瞬间"。他的创作形式多元，为航空科普创作奉献了多部佳作。

3. 其他航空史专家的科普创作

王钟强，编审，1962年毕业于北京外国语学院，后长期在航空科技情报研究所从事航空信息跟踪、分析和报道工作，1988年调入《中国航空报》任副总编辑。从20世纪70年代开始，王钟强从事航空历史及科普写作，在多种杂志和报纸上发表过数百篇科普文章，独自或参与写作的主要著作包括《航空航天博物馆》（1995）、《灿烂群星——外国航空人物》（2003）、《飞行世纪——纪念飞机发明100周年》（2003）、《邮票上的航空史》（2003）、《蓝天精灵》（2004）、《邮票上的航空人物》（2006）等，并在《航空知识》《国际航空》《航空世界》等期刊上发表数十篇航空科普作品。

李成智，教授，现任职于北京航空航天大学。他先后就读于南京航空学院、北京航空航天大学，曾在哈飞公司从事直-9直升机研制；1995年入选首批北京市跨世纪理论人才"百人工程"；出版专著、教材、科普读物20余部，著有《人类飞行的历程》（1995）、《征服天空之翼》（1998）、《飞机的故事》（1999）、《驭气乘风》（1999）、《千年梦圆》（2003）、《飞行之梦》（2004）、《直升机的世界：岁月之旅》（2007）、《空中旅行》（2016）等航空科普著作，参与编写多部航空史著作。李成智曾两次获得国家新闻出版总署颁发的"三个一百"原创科技出版物奖。

在引进版科普作品流行的时代，航空科普作品还是以原创居多。国内航空史研究学者除了用浅显的语言写作航空科学技术知识，还以独特的写作风格把航空史研究的成果编纂出版，以供读者阅读，也是航空科普创作的一种方式。

（二）《航空知识》与航空科普作家互相成就

1958 年创刊以来，我国最重要的航空科普期刊《航空知识》，在吸引众多杰出人才迈入航空事业的同时，也培养了许多科普创作者。翻看过往的《航空知识》，会发现很多作者其实都是日后的航空名家，甚至还有《航空知识》总编辑积极撰稿，亲自从事科普创作。《航空知识》与航空科普作家之间互相成就，为我国航空科普带来勃勃生机。

1. 谢础全身心致力于航空科普

谢础，1958 年毕业于北京航空学院，长期担任《航空知识》杂志编辑，后任总编辑，也是中国航空学会常务理事、中国航空运动协会副主席、中国科普作家协会常务理事、国际科学作家协会（ISWA）首名中国会员。任职《航空知识》期间，谢础为《航空知识》赢得了诸多国际、国内荣誉和大奖。可以说，谢础是《航空知识》的"灵魂人物"。他还是中国航空学会成立的倡议人之一。在学会筹建初期，谢础对航空事业的热心、厚爱和对事业的追求，使学会成员紧密地团结在一起，为中国航空学会的发展作出很大贡献。

除了致力于发展《航空知识》，为普及航空科技知识，从 20 世纪 50 年代开始，谢础就利用业余时间坚持科普创作和科普翻译工作，先后出版 14 种科普图书（含合著），包括《飞行员》（1961）、《未来的交通工具》（1963）、《世界航空航天大事年表》（1983）等共 400 余万字。其作品曾获全国新长征优秀科普作品奖、全国晚报科普征文奖、第二届全国优秀图书二等奖、建军六十周年国防科普征文一等奖等。谢础发表过 500 多篇科普文章，并在社会上多次作科普报告。

由于工作出色，谢础曾先后获得全国科学大会"在我国科学技术工作中作出重大贡献的先进科技工作者""中国科协先进工作者""中国科协科普报刊先进个人"等多项荣誉。他还荣立航空工业部三等功，拥有"全国百佳出版工作者"称号等，并被中宣部出版局收入该局主编的全国第一部《编辑家列传》[132]。

2. 焦玉麟航空科普创作多次获奖

焦玉麟，1965年毕业于北京航空学院，曾任《航空知识》杂志社副总编辑、编辑部主任、编委会编委，以及中国科普作家协会、北京科普作家协会、中国航空学会、北京科技记者编辑协会和中国科普期刊研究会会员等。

焦玉麟从事科技刊物编辑多年，共编辑科普作品1300多篇，约500万字。他发表于《航空知识》与《航空模型》两种杂志的主要作品有《人造地球卫星》《谈谈运载火箭》《微电子学与精确制导武器》《当代武器大全》《航天史话》《少年航空学》等260余篇（部），共约200万字。

焦玉麟的多部作品获奖，如《无人驾驶飞机的崛起》获1978年中国科普作协"全国国防科普征文"编辑三等奖；参与主持编辑的《航空知识》和《航空模型》杂志8次荣获中国科协、中宣部等颁发的全国优秀期刊评比一等奖和三等奖，多次获国家期刊奖；《无人侦察机的现状和发展动向》一文，获1997年中国科普作协的全国优秀作品评比创作一等奖。

3. 王亚男为新时代的《航空知识》代言

王亚男，中国航空学会会员、中国航空学会科普工作委员会委员、中国科协首席科学传播专家、知名科普专家。1999年，王亚男毕业于北京航空航天大学经济管理学院，工程硕士；1999年，进入中航工业集团贵州集团工作；2005年，进入《航空知识》杂志社，历任见习编辑、责任编辑、主编助理、执行副主编、编辑部主任等职，现任《航空知识》主编。2016年，王亚男被科技部、中宣部、中国科协评为全国科普先进工作者。

作为《航空知识》主编、新一代航空知识传播人，王亚男借助新媒体普及航空知识。他开设微博账号，除随时发布航空最新动态外，也会回顾历史，其粉丝量近200万，深受航空科普爱好者的喜欢。除了经营《航空知识》，王亚男也从事航空科普创作，先后出版有《百年影像——军用航空》（2019）、

《百年影像——民用航空》(2019)、《你不知道的航空史》(2020)。在《中国飞行影像》中,王亚男以其精湛的专业知识和丰富的背景信息,为广大航空爱好者梳理中国航空发展史上具有里程碑意义的事件,解析我国航空在技术方面鼓舞人心的重大突破,集历史、知识、科普为一体,图片珍贵,文采兼具,内容丰富,资料翔实,堪称"有故事的图片、有温度的历史"。

(三)博物馆工作者做科普

游客参观博物馆,通常只能看到博物馆所展出的内容,而背后工作人员的付出并不会为人所知。事实上,除主持或参与博物馆的建设和运营外,很多博物馆工作者也是科普作者,其作品深受读者欢迎。

1. 程昭武的飞行科普写作

程昭武,中国航空博物馆飞行技术顾问兼航空史研究员,中国航空史研究会副秘书长,毕业于空军第六飞行学院,长期从事飞行教学工作,既是一名优秀的飞行员,又是一名出色的飞机气动研制工作者。1987年离休后,他参与创建中国航空博物馆,主持编研室工作,对中国航空博物馆的软件建设作出了重要贡献。程昭武曾编写和翻译多种飞行教材200余万字,出版《中国名机珍藏》(1998)等多部著作,撰写中国航空博物馆飞机展品的英文解说词并编译了大量反映他国航空博物馆情况的信息简报,在国内外航空刊物上发表文章200余篇。

2. 孟鹊鸣的航空科普创作

孟鹊鸣,中国航空博物馆特邀研究员,中国航空史研究会理事,曾任航空刊物的编辑、记者。1981年,孟鹊鸣在北京航空学院进修飞机设计专业,1982年调入航空工业部科研单位,先后在《航空航天百科全书》办公室、航空史研究室、飞机室等部门工作。他从事航空专业书籍的编写和翻译多年,主要著(译)作有《简明世界飞机手册》《现代隐身飞机》《世界飞机手册》《世界飞机大观(1490—1969)》《世界军用飞机百科大图鉴》《中国近代航空工业史》等，在许多航空报刊发表文章百余篇，发表航空摄影作品百余幅。

3. 齐贤德的航空科普创作

齐贤德，曾任中国航空博物馆馆长、中国航空学会理事、中国航空运动协会教育工作委员会主任，2010 年被中宣部、科技部、中国科协评为"全国科普工作先进工作者"。齐贤德先后发表科研科普论文 20 多篇，主编或合作编著《飞机的诞生与发展》（2006）、《走进专业科技博物馆》（2010）等著作，参与《中国航空史》和《人民空军装备史》的编撰工作[133]。

作为中国航空博物馆的工作人员，程昭武、孟鹊鸣、齐贤德等活跃在航空科普创作队伍中，其他航空科普场馆也是人才济济，为我国航空科普创作作出重要贡献。

（四）航模与飞行专家的科普创作

1. 朱宝鎏在教育中培养航模运动员

朱宝鎏，飞行专家，1950 年毕业于上海交通大学航空系。大学时期，朱宝鎏不但研究模型飞机，还是一位航模运动骨干，之后接任上海交大航模会会长职务。1955—1957 年，朱宝鎏受命组建我国第一支国家航模队，担任队长兼教练；后朱宝鎏又受命组建解放军航模队，担任队长兼教练，为我国培养大批航模运动员。朱宝鎏历任空军航空学校教员、主任教员、机械系主任，空军司令部科研部科长、副部长，空军第八研究所副所长兼总工程师、高级工程师，南京航空学院兼职教授，中国航空学会第二届和第三届理事，中国空气动力学研究会第二届理事，中国科学技术情报学会第一届理事、国防科技情报专业组副组长。

朱宝鎏出版《模型飞机的空气动力学》（人民体育出版社于 1957 年出版，后多次再版）、《模型飞机的翼型》（1960）、《现代作战飞机》（1980）、《图解现代空战兵器 100 问》（2013）等多部作品。这些著作，有的被当时的航模训练班作为主要教材，影响了几代骨干和航模爱好者，使我国航模理论一开始就站在较高的起点上，成为迅速提高运动水平的牢固基础；有的成为航空科普读物，吸引全国航空爱好者阅读。

2. 汪耆年面向青少年开展航模教育

汪耆年，资深航空科普专家、北京市青少年科技馆科研部原部长兼航模研究室主任，曾任北京航空航天学会常务理事兼航空科普教育委员会主任、波音公司特聘航空科普教师、国家级航空模型运动裁判员。汪耆年从事航空模型研究及教育工作40余年，曾兼任首都师范大学科技教育研究中心研究员；索尼探梦科技馆顾问、北京理工大学研究生科技创新基地专家，并在教育部中央教育科学研究所科技教育研究中心参与"未来工程师"项目的策划和评委工作。

汪耆年之所以取得多项成就，跟他从事的航模教育是分不开的。他集几十年指导学生制作航模的经验，写出《航空模型——少年宫特长培养与训练初级教材》一书。这本书不仅可以作为少年宫老师的辅导材料，家长读后也获益匪浅，更让孩子在玩中学到知识，在动手、动脑中培养科技意识[134]。而这也仅仅是汪耆年诸多科普著作中的一本，他还出版有《风筝技艺与创新》（1988）、《风鸢四艺》（1991）、《航空模型教材》（1998）、《航空模型制作新编》（2002）、《飞行的奥秘》（2009）等10多部航空科普作品。

退休后的汪耆年依然致力于中小学航模科普教育工作，对航模充满深情。2016年1月9日，78岁的汪耆年受邀为青少年作生动而精彩的讲座——"飞行的奥秘"，从风筝到竹蜻蜓，从飞鸟到纸飞机，把青少年带入一个奇妙的飞行世界[135]。他还连续7年参加波音（中国）公司在中国范围内组织的航空科普教育系列活动，直接面对中小学生普及航空知识。

对科普工作充满热情的汪耆年用最简单的材料与方式，让大家体验到航空的乐趣。他教青少年制作飞机，让手工飞机在空中飞起来，激发青少年的信心，从而对航空产生兴趣，航空科普的本质得以体现。

3. 符其卫的航模教学

符其卫，航空科普专家、航模专家。中学时期，符其卫曾师从吴大中、柳孝民、赵宝臣三位教练，当时主攻的项目是三级橡筋动力模型飞机。几位教练的指导为符其卫其后的工作和事业打下较为坚实的基础。1976年以后，由于有这一特长，符其卫从一所普通学校调入一所"少年之家"任科技活动教师，后来调入北京市宣武区青少年科技馆，在全国成年人航空模型比赛中担任裁判、裁判长及总裁判长等工作，并任北京航空模型运动协会副秘书长及空模部主管、北京市航模教研组组长，负责北京市少年宫、科技馆航模教师的进修、培训等工作，多年来一直从事航空模型教学及航空科普教育工作。

（五）独具匠心的航空科普名家

航空科普创作不仅包括航空科普写作，还包括航空绘画、航空摄影等多方面的工作，以及其他形式新颖的科普工作，它们一起构成完整的航空科普创作要素，而为此作出突出贡献的人更是不计其数。

1. 陈应明的航空绘画

陈应明，我国航空史、航空画、航空模型制作大师，在航空绘画和航空模型制作方面独树一帜，为我国航空科学技术发展及科普工作作出不可磨灭的贡献。陈应明幼年时期在越南河内参观法国工业展览，被展会上的飞机深深吸引，激发其对航空的热爱，并成长为中国航空发展的亲历者和建设者。

1949年，陈应明随"两航起义"①人员，从香港返回内地，投身新中国航空事业建设。他曾在航空工业部航史办等部门工作，绘制民国时期的数十款飞机图纸，恢复了如"乐士文1号""宁海号"等著名飞机的设计资料，并制作大量静态实物模型。改革开放之后，陈应明开始关注航空科普工作，给《航空知识》《环球飞行》《航空世界》等刊物绘制大量航空绘画作品，把航空绘画当作毕生事业坚持了50余年，深受航空迷的敬仰和喜爱。

陈应明的作品选题关注中国航空历史上的重大事件，他的画作宛如瞬间

---

① 两航起义：1949年11月9日，在中国共产党的直接领导下，原属国民党政府官僚资本的中国航空公司和中央航空公司（简称"两航"）的爱国员工及家属4 000多人，毅然脱离国民党政权，在香港宣布起义。两公司的12架飞机胜利飞抵北京、天津，投向新中国的怀抱。这就是著名的"两航起义"。

定格的航空历史。其创作的航空历史画注重事实考证，力争还原历史。陈应明反对闭门造车，每画一幅航空画，都要查找资料，所有细节一一考证清楚，才肯动笔。为了画好航空画，他甚至为抗战时期在中国出现的所有飞机类型进行分类并绘制图谱。陈应明是新中国航空绘画的开拓者，他用航空画来纪念历史，缅怀英烈，教导后生，他笔下的战斗机、轰炸机、运输机伴随了几代人的成长，是一种"教科书"式的存在[136]。

陈应明关注航空教育的发展，几十年来笔耕不辍，主张艺术与航空科学融合，呼吁国内航空专业院校开设"航空绘画"课程。他对航空设计人才的培养方案提出设想：飞机总体设计的学生应选修一门美术课，正如建筑专业的学生必须学习美术一样，增强学生艺术素养，对将来的设计工作会大有裨益。这对于航空设计教育的改革是重要参考。他认为，国家航空科技的发展，离不开社会公众的理解与支持，只有肥沃的航空文化土壤才能培育出大量优质的航空人才。

2. 张聚恩的自媒体航空科普创作

张聚恩，航空科技专家，中国科协科学传播首席专家，中国航空学会名誉副理事长，1969 年毕业于北京航空学院，曾任中国航空工业第一集团公司科技部部长、中国航空学会秘书长。他致力于推动通用航空事业的发展，在向中央建言献策、宣传普及通航知识、规划通航产业发展方面，作出积极贡献。其微信公众号"聚恩君"（2016 年前名为"航空之友"）产量极高，其中有大量航空科普、航空产业、航空文化和推动通航发展方面的作品，在业内有广泛的影响力。2018 年，张聚恩出版的著作《大国航空：从百年奋发到世纪辉煌》，内容丰富、通俗易懂，适合大众阅读，也是航空爱好者和军事爱好者了解中国航空发展的珍贵读本。

3. 牟健为的航空摄影

牟健为，中国著名军事摄影家、航空航天摄影家，曾乘各类飞行器执行航空摄影任务两千余架次，拍摄过许多为国内外读者熟知的航空摄影作品，截至 2022 年，他一直保持军事航空摄影记者乘歼击机航摄 32 架次的国内记录。在 40 年的摄影经历中，他还致力于航空航天摄影理论研究，近年来连续出版《航空视界》（2007）、《无人机航空摄影教程》（2017）、《航空摄影教程》（2018）、《空天摄影学》（2020）等著作，以及发表摄影论文数百篇、摄影作品数万幅、文稿数百万字。

经过近半个世纪的艰辛努力，牟健为在山东烟台高新区和烟台北航科技园的支持下，倾心打造了中国首座空天影像博物馆——烟台北航牟健为空天影像博物馆，并于 2021 年 5 月 9 日开幕。馆藏的摄影作品及历史文物，涵盖了改革开放以来我国历经的重大历史事件，承载着中国强国、强军的艰巨历程，以及航空航天影像传播事业的希望。该馆以视觉影像为纽带，传播航空航天文化，强化爱国精神，成为青少年了解航空航天知识，提升爱国主义情怀的科普研学基地。

4. 高鹏举的基地航空解说

高鹏举，西安阎良国家航空高技术产业基地管理委员会的一名项目主管，作为航空一线工作者、航空"发烧友"的他，多年来在全国各地飞行活动现场担任解说工作。除上述身份之外，高鹏举一直投身于向社会公众普及航空文化。在西安航空基地对口帮扶的蓝田县葛牌镇东沟村驻村帮扶工作期间，高鹏举把航空科普学堂开在贫困村里，坚持每周为当地学生讲解航空知识，传播航空文化，让航空精神在大山深处传承，学生都亲切地叫他"高老师"。高鹏举"希望通过这种方式，让贫困村的孩子能够与城市孩子一样了解航空科普知识，从小种下航空梦想的种子"。

随着航空科普的兴起，因从事航空科普创作而闻名的作者越来越多。除上述科普名家外，为我国航空科普作出重要贡献的还大有人在，如北京航空航天大学博物馆原馆长何述章、全国优秀国防科普作家傅前哨、《航空模型》资深编辑黄东冬、《航空知识》原社长熊伟、焦国力等，他们也是《航空知识》杂志的主要撰稿人；中国航空无线电电子研究所副总设计师顾世敏、副总设计师庞之浩等，除了航空科普，还用文学创作的艺术形式宣传航空知识；中国航空技术进出口总公司集邮协会和中国航空集邮协会秘书长霍郁华、民航机场工程建设从业者高级工程师费瑞涛，以及其他航空科普创作者，分别用集邮和摄影等方式记载中国飞机走向世界的艰难历程，用镜头感受航空界的工业之美，也以其他不同的方式把航空知识呈现给大众。专业特长及其对航空科普的热爱，是优秀的航空科普作品必不可少的两个因素。航空科普创作者借助不同渠道和平台，全身心地支持着我国航空科普的发展。

四、航空科普专家库建设

经过 70 多年的发展，我国的航空工业已经达到世界领先水平，而航空科普在其中也发挥了重要作用。通过开展航空科学技术普及工作，让更多人，特别是青少年喜欢航空、热爱航空、支持航空，投身于航空事业当中，是当前我国航空科普的重要使命。如何更加有效地开展航空科普工作，则是航空科普工作者一直面临的挑战。这就涉及航空科普人才的建设问题。

新中国成立以来，党和国家高度重视科普事业，提出了一系列建设和发展科普人才队伍的政策措施，科普人才队伍建设取得了长足进展，全国已基本形成比较完善的科普组织体系和科普人才网络。特别是改革开放以来，科普人才队伍快速发展，科普人才整体素质不断提升，为全民科学素质的提高，作出巨大贡献。为贯彻落实《国家中长期人才发展规划纲要（2010—2020年）》和中央领导同志指示的具体举措，2010 年 7 月 22 日，《中国科协科普人才规划纲要（2010—2020 年）》向社会公开发布。这是新中国成立以来，首次以规划的形式对科普人才的培养和使用作出的宏观安排与部署。

为加强科普人才队伍建设，提升科普公共服务能力，促进公民科学素质建设目标的实现，中国科协决定开展科学传播专家团队组建工作。从 2013 年开始，中国科协在一级学会中发起成立科学传播专家团。首席科学传播专家领衔开展公益性科普活动时，可以"全国 XX 学科首席科学传播专家"名义进行宣传和介绍。全国各学会、各级科协组织为科学传播专家引好路、搭好台、服好务，紧紧依托首席科学传播专家及科学传播专家团队，大力推进科学传播工作，不断提升学科科普服务水平和社会影响力。

在中国科协首席科学传播专家名单里，先后出现好几位航空界首席科学传播专家，如肖华军、孙瑞山、高正作为第五批中国科协首席科学传播专家（2017年），甘晓华、王亚男、张聚恩为第六批中国科协首席科学传播专家（2019年）。

为深入贯彻落实《全民科学素质行动规划纲要（2021—2035）》，进一步加强航空科普专家队伍建设，中国航空学会集中更多的航空专家和志愿者投身于科普工作，共同推动航空科普事业发展，并制定了《航空科普专家库管理办法》。

按照《航空科普专家库管理办法》的相关规定，2022年，中国航空学会计划面向全国各有关单位持续开展航空科普专家申报工作。航空科普专家主要承担学会的各项科普工作，如航空特色学校的考察评定、航空特色课程的评定、航空各项赛事的执裁督导、航空科普进校园等相关科普活动。中国航空学会经审查后，把符合条件的专家纳入"中国航空学会科普专家库"统一管理，并为专家颁发"航空科普专家聘书"，聘期为3年。2022年10月，根据《航空科普专家库管理办法》有关规定，中国航空学会第一批航空科普专家名单公布。航空科普专家团队在大力推进航空科学技术传播工作，不断提升学科科普服务水平和社会影响力等方面作出突出贡献。

结　　语

自飞机与中国社会产生连接以来，我国就有了航空科普的存在。但由于新中国成立之前社会的不稳定，航空科普往往处于自发状态。无论是从科普创作，还是从举办的各种活动来看，又或从其组织机构和个人来看，都无法提供长期稳定的科普服务。

直到新中国成立之后，航空工业建设趋于稳定并顺势发展，航空科普才逐步走向成熟并形成体系。而新中国成立之初的航空科普仍无法被称为真正的科普。由于当时百废待兴，航空工业处于修理（设备）期，人才匮乏成为亟待解决的问题。在这种情况下，建设相应的各级各类学校（包括夜校、中等专科学校、技术学校及高等院校），招收相应水平的学生进行各层次的培训和教育是根本。其培训和教育的直接目的是把毕业生（甚至未毕业的学生）派往工厂和科研机构进行航空工业生产与科研，偶尔有面向普通大众的航空科普，也是零星的。20世纪五六十年代航空科普的代表是航空体育运动，主要包括航模运动、滑翔与跳伞，而航空体育运动的目的也是为了培养航空人才。

直到改革开放后，我国的航空工业逐步发展起来，20世纪80年代开始到20世纪末，我国的航空科普终于有了起色，最显著的特点就是各大航空博物馆的建设与开放，使公众终于能直观感受航空的魅力所在。中国航空学会在这一时期充分发挥了科普主力军的作用，通过组织包括航空夏令营在内的一系列活动及创办《航空知识》《航空模型》等期刊，进一步促进我国航空科普工作的开展。在这一时期，涌现出很多专业、热情、负责任的航空专家投身于航空科普工作中。

21世纪的航空科普又展现出新的特征。这一特征与社会的发展及科学技术的进步有非常直接的关系。互联网的"加持"使航空科普有了新的媒介帮助，从而能够更加为新一代年轻受众所接受，尤其是移动互联网的出现，通过游戏、微视频等形式，航空爱好者很容易就能获取各种航空信息。一方面，新技术的出现让更多的民间爱好者参与到航空科普的工作中，他们可以参与到航空科普创作，也可以直接致力于航空科普设施的建设。另一方面，通用航空文化的传播也使普通公众更容易接近航空，产业化的航空科普模式使公众成为"游客"，成为消费者，能够沉浸式体验航空的魅力。

综上所述，航空科普就在身边，航空，触手可及。

参 考 文 献

[1] 姜长英. 中国航空史 [M]. 北京：清华大学出版社，1999.

[2] 西北工业大学技术情报资料室. 中国航空学会在西安地区组织《航空知识》普及讲座试点 [J]. 西北工业大学学报，1975(2): 49.

[3] 江苏省暨南京市航空学会举行年会 [J]. 南京航空航天大学学报，1980(1): 167.

[4] 司有和. 中华人民共和国科技传播史 [M]. 重庆：重庆出版社，2005.

[5] 王伦信 等. 中国近代民众科普史 [M]. 北京：科学普及出版社，2007.

[6] 章道义. 中国科普：一个世纪的简要回顾 [A]. 章道义. 中国科普名家名作 [M]. 济南：山东教育出版社，2002.

[7] 朱效民. 新中国以来我国科普发展的历史回顾 [J]. 科普研究，2001(4).

[8] 申振钰. 中国科普历史考察 [N]. 大众科技报，2003.

[9] 李大光. 中国科普研究历史回顾 [J]. 科普研究，2008(4): 17-23.

[10] 刘新芳. 当代中国科普史研究 [D]. 中国科技大学，2010.

[11] 铎恩. 关山初度尘未洗 策马扬鞭再奋蹄 [J]. 大飞机，2019(9): 15-16.

[12] 沈海军. 中国航空简史 [M]. 北京：航空工业出版社，2020: 23.

[13] 段子俊. 当代中国的航空工业 [M]. 中国社会科学出版社，1988：53.

[14] 谢光辉. 我国航空体育运动发展溯源及其嬗变 [J]. 北京体育大学学报，2011(3): 110.

[15] 王亚男，俞敏，刘德生. 科技期刊与大众媒体的融合发展 [J]. 科技与出版，2017(5).

[16] 赵胜，江玲. 新中国国防体育运动的历史考察 [J]. 体育文化导刊，2014(10): 183-186.

[17] 刘德佩. 军事体育的由来与军事体育的概念 [J]. 解放军体育学院学报，2000(3): 2.

[18] 龚宇. 中央国防体育俱乐部的历史演进与启示 [D]. 吉林大学，2011.

[19] 秦笃训. 新中国"国防体育"始末 [J]. 体育文史，1997(3): 42.

[20] 铎恩. 极简中国航空工业史 [M]. 北京：航空工业出版社，2019:39.

[21] 李珊. 抓创作 出精品 更好地为航空事业的发展服务——航空声像科普工作回顾 [J]. 航空科学技术，2000(6): 18.

[22] 付明耀. 呼唤更浓厚的国民航空意识——在中国航空百年纪念日专访中国航空工业集

团公司总经理林左鸣 [N]. 中国航空报，2009-9-22(1).

[23] 谢础. 中国航空学会的沿革 [J]. 中国科技史料，1987(1): 29.

[24] 中国科学技术协会. 中国科协全国学会发展蓝皮书 [M]. 北京：中国科学技术出版社，2019:5.

[25] 中国科学技术协会. 中国科协全国学会发展蓝皮书 [M]. 北京：中国科学技术出版社，2019:7.

[26] 航空空间消息 [G]. 航空知识，1998(12):6.

[27] 江泓升，李想. 心系航空事业，筑梦蓝天 立足北航校园，奉献社会——访北京航空航天大学教授徐扬禾 [J]. 今日科苑，2019(09):18-23.

[28] 宣旭. 签到！沈航航空科普教育基地等你来 [OL]. https://www.163.com/dy/article/FR1CH6SK05259MSH.html, 2020-11-10.

[29] 许晓泓. 中国民航科普基金会：激发更多青少年心中的航空梦 [OL]. http://154.8.198.109/2023/09-01/913.html, 2023-09-01.

[30] 刘韬浩. 民航科普基金会被评为"全国科普工作先进集体" [OL]. http://www.caacnews.com.cn/1/2/202102/t20210208_1319330.html, 2021-02-08.

[31] 华双鱼. 飞翔，不是梦——访中国航空文化教育第一人李俊天 [G]. 中关村，2019(2): 60-63.

[32] 吴春根，崔薇，虞晓煜. 追梦的人："中国航模第一人"孙延波 [OL]. https://www.sohu.com/a/433251070_120066549, 2020-11-20.

[33] 波音"全球企业公民"在中国 [EB]. http://www.boeing.cn/china/globalcorporate-citizenship/china/.

[34] 宋莉. 波音航空科普教育活动启动 [N]. 科技日报，2009-03-17(10).

[35] 放飞梦想——波音航空科普教育系列活动 [G]. 航空世界，2014(10):78-79.

[36]《中国航空模型运动史》编写组，中国航空运动协会. 中国航空模型运动史 [M]. 北京：航空工业出版社，2009.

[37] 姚峻. 中国航空史 [M]. 郑州：大象出版社，1998:230.

[38] 京峻峰. 航模小组 [G]. 航空知识，1974(2):32.

[39] 沈阳市八十八中学航模队. 实践出真知 银燕展翅飞——我们是怎样开展航模活动的 [G]. 航空知识，1974(6):13.

[40] 何名泰. 滑翔新学员 [G]. 航空知识，1974(6):5.

[41] 沈阳市铁西区教育局报道组. 小将不畏难 银燕翱长空——沈阳市铁西区中小学开展航模活动情况 [G]. 航空知识，1974(11): 25.

[42] 上海市少年宫. 上海市举行中小学航模竞赛 [G]. 航空知识，1974(1): 22.

[43] 赵世金. 雏鹰展翅——记上海市 1974 年全市中小学航模比赛 [G]. 航空知识，1974(11): 24.

[44] 钟兴全. 成都七小学航模友谊赛 [G]. 航空知识, 1974(1): 22.

[45] 钟卓. 成都市举办航模训练班 [G]. 航空知识, 1974(5): 11.

[46] 武汉市青少年宫. 武汉市举行中小学航模邀请赛 [G]. 航空知识, 1974(8): 28.

[47] 广州市东山区少年之家. 广州市东山区小学举行航模友谊赛 [G]. 航空知识, 1974(8): 28.

[48] 黄永良. 欢呼航模的春天——记 1978 年全国航空模型比赛 [G]. 航空知识, 1978(12): 5.

[49] 刘文章. 忆首届"飞北"赛 [G]. 航空世界, 2022(1):32.

[50] 熊晓正, 钟秉枢. 新中国体育 60 年 [M]. 北京：北京体育大学出版社, 2010.

[51] 刘明罡, 张燕辉, 王立娜 等. 重视航空科技早期教育是国家强盛之本 [C]. 中国梦·航空梦——青少年航空科普教育——首届中国航空科普教育大会论文集, 2014: 88-91.

[52] 中国航空运动协会,《中国航空模型运动史》编写组. 中国航空模型运动史 [M]. 北京：航空工业出版社, 2009.

[53] 大赛介绍 [EB]. http://www.int-ede.com/about.shtml.

[54] 吕璐露. 我国青少年户外营地教育的发展历程、阶段特征与未来展望 [J]. 体育教育学刊, 2022(3): 62.

[55] 谢础. 中国航空学会的沿革 [J]. 中国科技史料, 1987(1): 33.

[56] 1978 全国航空夏令营四十年 [EB]. https://www.sohu.com/a/243300054_628944.

[57] 谢础. 中国航空学会的沿革 [J]. 中国科技史料, 1987(1): 33-34. 中国航空学会. 中国航空学会史 [Z]. 2014：43.

[58] 熊伟. 始终坚持 甘于奉献——记李楠教授从事学会工作 40 年 [G]. 航空知识, 2005(1): 13.

[59] 四十五年的中国航空 [G]. 航空知识, 1996(6): 48.

[60] 毛主席参观航展：要搞自己设计的飞机 [OL]. https://www.chinanews.com/mil/2013/12-25/5660291.shtml, 2013-12-25.

[61] 中国航空工业史编修办公室. 中国航空工业老照片 7[M]. 北京：航空工业出版社, 2015: 33.

[62] 大伟. 回顾百年历史 展示飞翔文明——记航空百年回顾展开幕 [G]. 航空知识, 2003(10): 14.

[63] 沈丹阳. 中国展览概述 [M]. 北京：中国劳动社会保障出版社, 2006:3.

[64] 曹福成. 第十七届北京国际航空展在国家会议中心举行 [J]. 中国军转民, 2017(9): 5.

[65] 中国航空工业集团有限公司编修史办公室. 忠诚奉献 逐梦蓝天 新中国航空事业发展 70 周年 70 件大事 [M]. 北京：航空工业出版社, 2021:81.

[66] 中国航空航天工业从此走向世界——'96 中国国际航空航天博览会侧记 [J]. 中国科技信息, 1997(4): 12-13.

[67] 杨承光, 韩雪. 对珠海市中小学生航空科普基地运行及其社会影响的研究 [J]. 现代职业

教育，2019(4): 19.

[68] 2013 年年度社会责任报告——中国航空工业集团有限公司 [EB/OL] .https://www.avic. com.cn/sycd/cxyfz/shzr/shzrbg/?PC=PC.

[69] 子铎 . 建立全民航空意识 培植航空强国沃土 [N]. 中国航空报，2021-9-24(2).

[70] 李长江 . 难忘的' 97 飞向北京活动——记中国航空学会举办的首次大型科普飞行活动 [J]. 中国航空学会史 .

[71] 钱学森 . 给北京市青少年科技参观团同学们的信 [G]. 航空知识，1978(3): 5.

[72] 首都青少年参观北京航空学院，航空科学家同中学生亲切会面 [G]. 航空知识，1978(3): 5.

[73] 王永贵，韩文彬 . 努力办好航博事业，促进航空科普教育 [J]. 航空史研究，1996(11):24-28.

[74] 薛培森 . 漫步空军航空博物馆 [G]. 航空知识，1992(10):14.

[75] 何述章 . 丰富多彩的北京航空馆 [G]. 航空知识，1992(11):8.

[76] 陈锡安，张祎，宋笔锋 . 发挥西安航空馆在西部航空科普教育中的作用 [J]. 西北工业大学学报（社会科学版），2004(2):85.

[77] 沈君彦，迎风 . 世界航空博物馆系列——西安航空馆 [J]. 航空史研究，2001(2): 21.

[78] 沈阳市人民政府地方志办公室 . 沈阳市志 3 工业综述 机械工业 [M]. 沈阳：沈阳出版社，2000: 7.

[79] 沈飞航空博览园：一座航空报国的精神丰碑 [OL].https://www.cannews.com.cn/2021/07/09/99328891.html, 2021-07-09.

[80] 王秀兰，王健 . 筹建中的南京航空航天馆 [G]. 航空知识，1992(9):17.

[81] 中共江门市委宣传部 . 江门市冯如纪念馆介绍 [OL]. http://lvyou.hnymr.com/landscape/ MjE4MDc=.html.

[82] 襄阳航泰动力机器厂"三线记忆 航空印象"航空知识培训馆 [J]. 航空维修与工程，2020(6): 2.

[83] 罗昆娅 . 昆明翼比航空博物馆 22 日免费向市民开放 [OL].https://www.km.gov.cn/c/2012-05-23/592465.shtml 2012-05-23.

[84] 毛海峰，方烨 . 各地争建"航空城"新布局引发利益博弈 [N]. 经济参考报，2009-9-28(6).

[85] 王波，彭洁 . 高校科技馆建设的意义——西安阎良航空科技馆建设研究 [C]. 中国梦·航空梦——青少年航空科普教育——首届中国航空科普教育大会论文集，2014(6): 206-208.

[86] 荣为人，陈百艺，姜春艳 . 世博，我们播下航空种子 未来，我们期待放大效应 (N) 中国航空报，2010-11-02(6).

[87] 刘文波 . 林左鸣考察世博会中国航空馆 [N]. 中国航空报，2010-03-23(1).

[88] 吴亦铮，杨培萌 . 航空梦从成都飞出 [OL]. https://www.163.com/dy/article/H1R4IF

300514R9MQ.html.

[89] 谢陶 . 探访国内首家 "民营航空博物馆"：让航空更易触摸、让科普更易触达 [OL].
https://www.sohu.com/a/546758295_115362, 2022-05-13.

[90] 欧阳杰 . 关于我国航空城建设的若干思考 [J]. 民航经济与技术，1999(3): 49.

[91] 童燕 . "党建红 + 航空蓝"，航空小镇有魅力 [G]. 杭州，2020(7): 48.

[92] 王增宇 . 共生理论视域下我国无人机赛事发展模式及存在问题研究 [D]. 北京体育大学，
2019: 36-37.

[93] 闵航 . 推动航空科普发展恰逢其时 [G] 中国航空报，2018-06-21(7).

[94] 黄喆 . 中国航空特色小镇开发与规划设计策略研究——以广西防城港市伏波航空小镇
为例 [D]. 大连理工大学，2018: 32-33.

[95] 董白雪 . 吴忠市红寺堡区发展全域旅游的现状及对策研究 [D]. 宁夏大学，2020: 12-13.

[96] 王伦信 等 . 中国近代民众科普史 [M]. 北京：科学普及出版社，2007: 112.

[97] 中国航空工业史编修办公室编 . 中国航空工业老照片 2[M]. 北京：航空工业出版社，
2011: 99.

[98] 美航空期刊高级编辑访华 [G]. 航空知识，1983(9): 7.

[99] 段子俊 . 当代中国的航空工业 [M]. 北京：社会科学出版社，1988: 643.

[100] 程民 . 科学小品在中国 [M]. 北京：科学出版社，2009: 168.

[101] 王亚男 . 30 年前，运 10 设计师程不时给《航空知识》投稿原件 [OL]. https://www.
sohu.com/a/390316391_628944, 2020-04-22.

[102] 中国航空学会 . 中国航空学会史 [Z]. 2014: 12.

[103] 中国航空航天讯报：航空航天科普作家研究会在京成立 [G]. 航空知识，1992(5).

[104] 樵夫 . 中国大百科全书航空航天卷正在编撰中 [G]. 航空知识，1983(8): 16.

[105] 航空航天消息 [G]. 航空知识，2003(10): 5.

[106] 魏永康 . 我国电化教育事业之先驱 [J]. 物理，2010(6): 432.

[107] 王伦信 等 . 中国近代民众科普史 [M]. 北京：科学普及出版社，2007:65.

[108] 杨力，高广元，朱建中 . 中国科教电影发展史 [M]. 上海：复旦大学出版社，2010: 18.

[109] 杨力，高广元，朱建中 . 中国科教电影发展史 [M]. 上海：复旦大学出版社，2010: 133.

[110] 冯伟 . 新中国体育科教电影的发展历程研究（1949 ～ 1995 年）[D]. 苏州大学，2009: 15.

[111] 赵惠康，贾磊磊 . 中国科教电影史 [M]. 北京：中国电影出版社，2005: 45.

[112] 杨力，高广元，朱建中 . 中国科教电影发展史 [M]. 上海：复旦大学出版社，2010: 24.

[113] 中国航空学会 . 中国航空学会史 [Z]. 2014：45.

[114] 中国航空学会 . 中国航空学会史 [Z]. 2014：62.

[115] 李珊 . 抓创作 出精品 更好地为航空事业的发展服务——航空声像科普工作回顾 [J].
航空科学技术，2000(6): 18-19.

[116] 韩建昌 . 我国通用航空文化建设研究 [M]. 北京：航空工业出版社，2016: 200.

[117] 阎超 . 浅谈我国航空制造企业如何借助新媒体加强青少年航空科普工作——以中国商飞上海飞机制造有限公司"上飞"微信公众平台为例 [C]. 中国梦·航空梦—青少年航空科普教育——首届中国航空科普教育大会论文集中国航空学会会议论文集 . 2014: 189-192.

[118] 王亚男，俞敏，刘德生 . 科技期刊与大众媒体的融合发展 [J]. 科技与出版，2017(5).

[119] 武瑾媛，俞敏，袁睿，葛建平，蔡斐，刘德生 . 航空知识杂志社的新媒体探索之路 [J]. 科技与出版，2017(5): 11-16.

[120] 开过战机、卖过飞机，飞行员欧文在抖音为 284 万人科普飞机的秘密 [OL].http:// www.cb.com.cn/index/show/gd/cv/cv1361450581498, 2021-10-13.

[121] 办好新世纪航空科普杂志——本刊在五邑大学举行六届一次编委扩大会议 [G]. 航空知识，2001(1): 46.

[122] 谢础 . 忆钱学森关心航空航天科普 [J]. 科普研究，2009(6): 84.

[123] 中国航空学会 . 中国航空学会史 [Z]. 2014(2): 31, 45.

[124] 吴耀祖 . 怀念季文美老师 [A]. 叶金福，姜澄宇 . 季文美文集 [C]. 西安：西北工业大学出版社，2008: 442.

[125] 黄道宏 . 深切的怀念——忆季文美理事长对航空科普教育工作的贡献 [A]. 叶金福，姜澄宇 . 季文美文集 [C]. 西安：西北工业大学出版社，2008: 471.

[126] 杨子 . 我国早期航空教育 [G]. 航空知识，2000(2): 2-5.

[127] 季文美，庄逢甘，顾诵芬，屠基达 等 . 建议开展早期航空教育 [G]. 航空知识，1997(7): 42.

[128] 张彦仲 . 中国航空学术团体工作的领路人——纪念中国航空学会前理事长季文美教授诞辰 90 周年 [A]. 叶金福，姜澄宇 . 季文美文集 [C]. 西安：西北工业大学出版社，2008: 431.

[129] 何述章 . 忆史超礼教授和他的《航空概论》[J]. 航空史研究，1994(3): 42.

[130] 中国科普作家协会 35 年历程回顾 [Z]. 2014(12).

[131] 郑泽尧 . 姜长英传略 中国航空史研究的奠基人（下）[J]. 航空史研究，2001(8).

[132] 中国科学技术协会 . 关于表彰《航空知识》杂志主编谢础同志的通报 [J]. 中国科技信息，1997(12): 19.

[133] 段海望，黄远军 . 愿穷其一生守护"天魂"的忠诚卫士——记中国航空博物馆馆长齐贤德和他的航博团队 [J]. 科学中国人，2012(8): 71.

[134] 李艳 . 推荐航空模型一书 [J]. 少年儿童研究，1997(2):19.

[135] 得一飞行 . 玩转飞行之纸飞机变身记 [G]. 航空世界，2016(2): 78.

[136] 宫浩钦 . 陈应明的航空绘画艺术 [G]. 作家天地，2020(4): 168-172.

附录　航空科普大事件

1946年3月，中国人民解放军第一所航空学校——东北民主联军航空学校（习称"东北老航校"）成立。

1949年，中央人民政府人民革命军事委员会下属民航局建立。

1949年11月11日，中国人民解放军空军建立。

1950年4月10日，朱德总司令在空军召开的参谋工作会议上指出："我们要开展滑翔和跳伞等活动，来启发人民对航空事业的兴趣"。

1950年6—7月，军委民航局在河北省石家庄机场成立干部训练队（后改为干部培训班），负责培训从部队调来的干部。

1950年9月，军委民航局先后在重庆、天津、上海和北京成立4所民用航空学校，建制直属民航局。

1950年，长春电影制片厂翻译航空电影《第一架飞机》。

1951年4月17日，中央人民政府人民革命军事委员会和政务院颁发《关于航空工业建设的决定》，航空工业管理委员会成立；同年4月18日，中共中央批准成立航空工业局，拉开了新中国航空工业奋斗的序幕。

1951年6月，航空工业局专门召开初级技术教育会议，会上制定了《初级技术人员教育计划草案》，要求所属各厂发扬艰苦奋斗、自力更生的精神，采取"边建厂、边办学"的方针。

1951年8月，航空工业局副局长段子俊在欢迎44名被分配到航空工业局的大学毕业生的大会上提出，要从头准备培养技术人员和工人。

1951年9月17—22日，航空工业局在沈阳召开首次五大飞机修理厂（沈阳航空发动机修理厂、沈阳飞机修理厂、哈尔滨飞机和发动机综合修理厂、南昌飞机修理厂、株洲发动机修理厂）厂长会议，传达中共中央批准的关于航空工业的建设方针和任务，要求工厂把教育作为一项中心任务来抓，投入资金和干部。

1951 年 9 月 25 日，中国人民革命军事委员会成立民用航空局第二民航学校，1958 年更名为中国民用航空局高级航空学校，1963 年重组为中国民用航空机械专科学校，1977 年更名为中国民用航空专科学校，1981 年更名为中国民用航空学院，2006 年 5 月 30 日，更名为中国民航大学（CAUC）。

1951 年 11 月 4 日，教育部与重工业部组成航空工程教育委员会，张宗麟任主任，航空工业局副局长王弼任副主任委员，指导和协调人才培养工作。

1951 年 12 月，周恩来总理在主持会议研究航空工业 3 至 5 年建设计划时，批准办航空学院和专科学校。

1952 年年初，第二机械工业部（简称"二机部"）建立北京航空工业学校，是当时航空工业系统 15 个中等专业学校之一，1969 年 9 月改为北京航空燃油液压制造厂（中国航发北京航科发动机控制系统科技有限公司）。

1952 年 1 月 14 日，江西省技术工人养成学校成立，后 7 次易名，直到 1966 年定名为长江航空工业学校。1969 年改为国营 512 厂，后来随着历史的变迁并入国营洪都机械厂（现江西洪都航空工业股份有限公司）。从建校到改为工厂的 18 年间，该校共为航空工业培养了 13 000 多名学生。

1952 年 1 月 15—19 日，航空工业局召开第一次教育工作会议。会议解决了 4 所航空专科学校筹建中亟待明确的问题，提出了理论与实际相结合、教育为生产服务的建校方针。

1952 年 4 月，北京航空模型工作委员会成立，其成员由团市委军体部、少年部、北京市学联的代表和航模积极分子组成，委员会受北京市体育分会领导。

1952 年 10 月，根据周恩来的有关指示和决议案，南京航空工业专科学校（简称"南京航专"）成立，邓永清任校长。

1952 年 5 月 18 日，中央军委作出《关于航空工业建设的决议案》，决定以清华大学、北京工业学院、四川大学的航空系为基础，成立一所航空工业大学。同年 10 月 25 日，北京航空学院成立，是我国最早建立的一所航空科学技术大学，由清华大学航空工程学院和四川大学、北京工业学院的航空系合并而成。

1952 年 6 月 24 日，团中央军事体育部和中国人民解放军部队的一批干部，正式成立"中央国防体育俱乐部"，隶属中华全国体育总会，黄中任主任，具体筹办航空滑翔等国防体育活动的开展工作。

1952 年 8 月，中央人民政府教育部、青年团中央、中华全国体育总会联合下发"关于开展国防体育活动中之航空模型运动工作指示"，全面论述开展航空模型运动的意义。

1953 年 1 月 16 日，西安 611 飞机修理厂接二机部四局通知撤销原 611 厂，改名为西安航空技校，后又改名为西北第 251 技工学校。

1953 年 2 月 1 日，沈阳航空工业学校成立。1978 年 5 月，升格为沈阳航空工业学院。

1953 年 3 月 10—15 日，中央国防体育俱乐部在北京召开"全国航空模型工作汇报会议"。

1953 年 5 月，根据中央指示，中央国防体育俱乐部把滑翔工作组从北京迁往成都，正式开展滑翔运动的试点工作。

1955 年 6 月 6 日，二机部在"二五"计划中要求，大力举办在职职工的业余文化教育，普遍开办夜大学、中等技术学校和各种文化补习学校、训练班等，以提高职工技术文化水平，并指出，这是一个培养干部的重要源泉。根据"二五"计划的要求，又颁发了《关于大力发展正规职工业余教育的指示》。

1955 年 6 月，中央国防体育俱乐部滑翔组转移至张家口榆林机场，正式成立新中国第一所滑翔学校。

1955 年 8 月 24 日，航空工业局决定成立西安第三工业学校筹备组，1956 年正式定名为西安航空工业学校。

1956 年 3 月 23 日，国务院常务会议批准，在中央国防体育俱乐部基础上成立"中国人民国防体育协会"，领导全国的国防体育活动，航空运动是其开展的重要项目之一。

1956 年 5 月 27—31 日，北京航空学院举行第一届科学讨论会，钱学森应邀到会，在北京航空学院体育馆为 1000 多名师生作了题为"航空技术展望"的学术及科普报告。

1956 年 6 月 1 日，《人民日报》在头版发表的《教育儿童是全社会的责任》的社论中提到，北京航空学院团委会为中学生举办航空夏令营是值得提倡的好事情。

1956 年 7 月 18 日—8 月 10 日，在校党政领导的支持下，北京航空学院联合空军和国防体育俱乐部举办首届航空夏令营。来自近 40 个城市的 7 个民族的 338 名青少年学生，欢聚首都北京参加活动。活动内容非常丰富，影响也很大，《人民日报》《光明日报》等多家报纸均发布消息，《北京日报》还作了连续跟踪报道。

1956 年 8 月 10—24 日，在北京举行了新中国成立以来的首次全国航空模型比赛。从此，每年都要举行一次全国性航空模型比赛，项目不断增加，运动水平不断提高，一些项目相继达到国际水平。

1956 年 10 月 11 日，高教部正式批准沈阳飞机厂、沈阳航空发动机厂、沈阳航空发动机修理厂（111 厂）、哈尔滨飞机厂及北京 211 厂的夜大学为业余工学院。翌年 4 月，又批准哈尔滨航空发动机厂、南昌飞机厂、株洲航空发动机厂的夜大学为业余工学院。至此，航空工业 8 个主机厂均创办了从小学到业余大学的整套教育体系。

1956 年 11 月，原中央国防体育俱乐部滑翔学校分成两部分，其中一部分仍留在张家口，在张家口原址成立"中国人民国防体育协会航空干部训练班"（1960 年 12 月改名为"中国人民航空干部训练班"）；另一部分在河南安阳创办中国人民国防体育协会滑翔学校，后又改称为中国人民滑翔学校，主要承担对全国的滑翔运动教练员进行再培训、再提高的任务。

1956—1958 年，第一机械工业部（简称"一机部"）航空工业局在北京中南海举办航空工业展览，展出"一五"期间航空工业的成果及"二五"计划的战略部署。

1957 年 8 月 1 日，中国人民航空俱乐部在北京良乡成立，所开展的项目包括滑翔、航模运动、飞行、跳伞等实践活动。

1957 年 10 月 5 日，西北工学院与西安航空学院正式合并成立西北工业大学（简称"西工大"），是培养航空科技人才的重点院校之一。

1957 年 12 月，民航局俄文专修学校与原民用航空局第三航空学校，即上海航空机械学校，同时划归航空工业局。

1958 年 2 月 11 日，一机部、二机部和机电工业部合并成立新的第一机械工业部（简称"一机部"），同年 3 月 1 日正式办公。航空工业局改属一机部领导，名称随之改为一机部航空工业局。

1958 年 6 月 6 日，毛泽东主席来到航空工业展览馆飞机馆。7 月 2 日，毛泽东主席再次来到航空工业展览馆，听取航空工业情况汇报，充分体现了党和国家领导人对航空工业发展的关心。

1958 年 8 月，毛泽东主席视察天津大学时提出"以后要学校办工厂，工厂办学校"。

1958 年 10 月 16 日，航空工业管理委员会改组为国防部国防科学技术委员会（简称"国防科委"）。

1958 年 12 月，沈阳航校升格为沈阳航空学院，主管部门为第一机械工业部。

1958 年 10 月，北京航空学院创办《航空知识》。1960 年，《航空知识》因纸张困难而停刊。1963 年 7 月被批准复刊，并挂靠在中国航空学会。1964 年 1 月，《航空知识》开始由科普出版社正式出版，钱学森撰写《祝〈航空知识〉复刊》发刊词。1966 年，中国航空学会停止活动，《航空知识》停刊，1974 年 1 月，《航空知识》再次复刊，后在科普界、出版界屡获大奖，成为航空科普的重要阵地。

1958 年 12 月 24 日，上海市举行第一次无线遥控航模比赛。

1959 年 3 月，航空工业局为哈尔滨工业大学附设中专部（仍称"哈尔滨航校"）。

1959 年 9 月举办的第一届全国运动会上，航空模型运动列入全国运动会竞赛项目。

1959 年 12 月，首届全国无线遥控航模比赛在北京良乡举办。

1960 年 1 月，经一机部同意，航空工业局决定由南昌 247 航空工业工人技术学校在四川省眉山县彭山区筹建眉山技校，并于 1960 年 7 月开始办学工作。

1961 年 2 月，第三机械工业部（简称"三机部"）所属的哈尔滨工业大学、北京航空学院、北京工业学院、南京航空学院、成都电讯工程学院、西北工业大学等 6 所国防工业高等学校，划归国防科学技术委员会领导，以加强国防科学研究和科技人才的培养。

1961 年，民航院校除保留基础较好的第十四航空学校、成都机械专科学校和柳州第四航校外，其他院校予以撤销。

1962 年 2 月，三机部航空工业局把合肥航空工业学校与 272 厂（湖光仪表制造厂）合并，改校建厂，定名为航空氧气仪表厂，成为当时我国唯一的航空供氧装备专业厂。

1962 年春，三机部决定，把哈尔滨市第一航空工人技术学校改建为航空磁电机和点火装置生产厂，从而诞生国营第一五五厂。

1962 年 7 月 5 日，中央军委办公会议决定国防工业的高等教育事业由国防科委统一管理，三机部不另办高等院校。三机部所需各类高级技术干部的培养和分配，由国防科委负责统筹安排。

1964 年 2 月 20—28 日，中国航空学会成立大会在北京科学会堂举行。关于学会名称问题，会议根据钱学森同志的建议并经与会代表的讨论后决定，"航空"可以包括"航空气"和"航空间"两大方面。为简便，中文名称叫作中国航空学会。

1964 年 8 月，中国航空运动协会（简称"中国航协"，ASFC）成立，负责管理全国航空体育运动项目。

1964 年 11 月 5 日，辽宁省航空宇航学会成立。

1964 年 12 月 25 日，北京航空航天学会成立。

1965 年 9 月 10 日，国营红旗机械厂半工半读技术学校正式开学，设机械加工、焊接、热处理 3 个专业，共 8 个班，理论课和实习操作课每两周轮换一次。

1966 年 12 月 25 日，中国航空研究院在北京北苑举办"三机部六院航空科技新产品展览会"，朱德同志参观展览会并欣然题词。

1968 年 11 月 6 日，三机部军管会周红波签发上报国防工业办公室《关于将中技校、技工学校改为工厂的报告》，批判"从学校中培养工人的道路"，是"少、慢、差、费的办法"，今后"主要走从生产实践中培养的道路"。

1969 年 3 月 20 日，新乡航空工业技术学校改建为烽火机械厂（后改名为豫北机械厂），生产航空油泵。

1969 年 6 月 10 日，三机部军管会生产指挥部发出通知，决定把包括北京航空工业学校在内的一批航空学校改为航空生产工厂。1969 年下半年，北京航空学院和西北工业大学开办工人大学试点班和教育革命实验班，招收 5 年以上工龄的工人。

1969 年 9 月，北京航空工业学校改为北京航空燃油液压制造厂（现为中国航发北京航科发动机控制系统科技有限公司，简称"中国航发北京航科"）。从此，北京航空工业学校走完了 17 年培养人才的历史道路，学校于 1952 年年初由二机部为培养航空中等专业人才而建，是当时航空工业系统 15 个中等专业学校之一。

1971 年 11 月 2 日，三机部军管会向有关省市国防工业办公室、厂所院校发出《关于厂校挂钩、开门办学的意见》。

1972 年 4—12 月，南昌、沈阳、郑州航空工业学校和太原、株洲、沈阳、黔北航空工业基地、贵州航空工业基地的航空技工学校先后恢复招生。

1972 年 6 月，地坛小学成立航模小组。

1973 年 3 月，中国航空学会开始恢复活动，成为首批恢复活动的全国性学会。

1973 年 8 月，上海市举行中小学生初级航空模型竞赛。

1973 年 10 月 28 日，成都市金牛区新红村小学邀请太平村小学，六九信箱子弟校、八一信箱子弟校、昭宗祠小学、东方红小学、解放中路第二小学等单位，在太平寺机场举行了弹射模型滑翔机友谊邀请赛。

1974 年 1 月 19 日—2 月 10 日，成都市航模辅导站在市体委领导下举办中小学航模训练班。

1974 年 5 月 4 日，武汉市青少年宫举办中小学航空模型（弹射模型滑翔机）邀请赛。

1974 年 6 月下旬，沈阳市铁西区体委、团区委、区校外教育办公室、区教育局联合主办中小学航空模型比赛，参加比赛的有这个区的 14 所中小学的 16 个代表队，共有 120 名运动员。

1974 年 8 月，空军党委向时任国务院副总理邓小平和中央军委呈送请示，"建议恢复业余滑翔学校，归属国家体委领导和管理"。请示很快得到邓小平同志的批示："这是应该迅速办理的事情，可由李达副总长召集空军、体委等有关部门讨论一次，解决复校问题，例如体制、归属、校址、经费等，向体委提出报告。"这一批示加速了滑翔运动的恢复进程。

1974 年 8 月 23—25 日，上海市举行中小学生航空模型比赛。

1974 年年底，广州市东山区教育局、东山区体委联合举办广州东山区小学 1974 年航空模型友谊赛。29 所小学的 176 名运动员参加了这次比赛。

1975 年 8 月，国家体委决定恢复位于安阳的原中国人民滑翔学校，并改称为国家体委安阳滑翔学校。至此，停止近 10 年之久的滑翔运动在全国范围内逐步恢复。

1975 年 10 月 21 日—11 月 5 日，中国航空学会在西安地区组织"航空知识普及讲座"试点，组织西北工业大学师生在 6 个工厂进行 9 次科普报告和 17 次新工艺、新技术介绍。

1976 年 8 月 5—22 日，为培养航模运动的骨干，国家体委委托河南省体委在郑州上街机场举办"全国航模普及教练员训练班"，学员结业后回到各地，成为开展和推动航模运动的重要骨干。

1977 年 11 月 21—27 日，为贯彻全国科协召开的科普工作规划座谈会的精神，中国航空学会在北京举行"航空科学普及工作座谈会"。

1978 年 2 月，北京航空学院、西北工业大学恢复全国重点高校地位，南京航空学院被列为全国重点高校。

1978 年 4 月，经国务院批准，三机部把基础较好的 3 所中专分别升格为沈阳航空工业学院、南昌航空工业学院和郑州航空工业管理专科学校（1984年又改为航空工业管理学院），并于 1978 年 5 月 29 日面向全国招生。

1978 年 8 月 7—23 日，经国务院批准，由中国科协、教育部、国家体委和共青团中央主办，中国航空学会与北京航空学院一同承办"全国青少年航空夏令营"，为当时最大的航空夏令营活动。

1978 年 8 月，为贯彻全国科学大会精神，繁荣科普创作，中国航空学会在北京召开"全国航空科普创作座谈会"。

1978 年 9 月 8—22 日，全国航空模型比赛大会在太原市殷家堡机场太原航空运动学校举行。这是当时我国航模史上规模最大的一次航空模型比赛，停顿 10 多年的航模运动，开始得到逐步恢复与发展。

1978 年，中国航空学会配合电影制片厂创作并摄制科教电影《翼伞》《航空夏令营》《飞出地球去》等影片。

1978 年，全国发行、放映上海市体委编写、上海科教电影制片厂拍摄的彩色科教片《航空模型》。

1979 年 8 月，中国航空学会与北京少年宫联合举办"航空电影周"，宣传航空知识，丰富青少年暑假生活。

1979 年 9 月 15—21 日，中国航空学会第二次全国代表大会在湖州莫干山举行。会议成立科普工作委员会（兼《航空知识》编委会），由沈元理事长兼任主任。

1980 年 8 月，全国青少年航空夏令营开营，分为西安、南京两个营区，分别委托陕西省航空学会和江苏省航空学会承办，全国 29 个省、自治区、直辖市，包括台湾省的各族中学生共 500 多人参加。

1980 年 10 月 11 日，第十四航空学校更名为中国民用航空飞行专科学校，由民航局直接领导，于 1981 年参加全国统一招生，招收第一批大专班飞行学生。

1981 年 10 月，中国航空学会在北京市少年宫举办"飞机像真模型观摩展览和航模器材展销会"，展出简易纸做像真模型、微型像真模型和精密木制像真模型共 300 余架，参观者达 3.6 万多人次，其中四分之三为青少年。

1982年4月，国家体委撤销军事体育局，明确航空模型为运动竞赛项目。1983年，全国群众体育工作会议进一步决定，航模等运动项目建立专业性运动队，划归有关的体工大队和航空运动学校领导，以适应体育竞赛要求。至此，航空模型运动转入竞赛体制，并展开一系列航模竞赛活动。

1982年，中国航空学会和北京市航空学会联合主办的主题为"民用航空为四化服务"航空科普画廊和1983年联合主办的主题为"现代军用飞机"科普画廊先后被北京市科协评为优秀科普橱窗一等奖。1984年12月，为庆祝中华人民共和国成立35周年，中国航空学会科普与教育工作委员会组织制作"古代中国人民对航空技术的贡献"航空科普橱窗并参加北京西单科普画廊展出，被评为优秀橱窗一等奖。

1983年1月，中国航空学会与中国航空运动协会联合主办的《航空模型》创刊，并由北京航空学院航空期刊杂志社编辑部编辑出版，这是我国第一份专门普及航空模型制作的刊物。

1983年5月，北京航空学院建院以来的第一个学生学术团体——北京航空学院学生航空科普知识协会成立。协会成员的任务是进行航空科普知识的学习研究和创作，在校内外举办讲座、展览。协会还设立航空科普函授服务站，为各地航空爱好者解答问题。

1983年6月21日，福厦地区航空学会（后改为福建省航空学会）成立。

1983年6月29日，航空工业部发出关于改变中国航空学会办事机构领导关系的通知，确定《航空学报》《航空知识》《航空模型》3个刊物继续由北京航空学院管理。

1983年10月25日，经航空工业部党组批准，神剑文学艺术学会航空分会在北京成立，王振乾任主席。

1983年12月，中国航空学会成立科学普及和教育工作委员会（简称"普及教育委员会"）。

1984年5月10日，中央电视台在新开辟的少年儿童专题节目"天地之间"中，播映由中国航空学会普及教育委员会组织编辑和协助拍摄的短片"从风筝到飞机"。

1984 年 5 月，上海航宇科普中心（即上海航空科普馆）开始筹建，1989 年 6 月正式对外开放，成为上海市专题性科普场馆。

1984 年 6 月 1 日，为庆祝中国航空学会成立 20 周年，中国航空学会主编、陈应明主绘、中国少年儿童出版社出版的《航空彩色图册》正式发行，是献给全国少年儿童的节日礼物。

1984 年 7 月 26 日，中国航空学会组织的 1984 年全国青少年航空夏令营在北京举行开营典礼。之后，全国 29 个省市的 5000 余名青少年代表分别参加北京、上海、陕西、江苏、黑龙江、贵州、四川、江西、辽宁、湖南 10 个营区的夏令营活动。这也是新中国成立以来规模最大、参加人数最多的一次全国性青少年航空夏令营。

1984 年 8 月 31 日，为庆祝新中国成立 35 周年和中国航空学会成立 20 周年，中国航空学会与《中国大百科全书·航空航天》编委会、中国宇航学会在北京美术馆联合举办"中国航空航天图片展览"，这是第一次向公众公开展出中国航空航天事业的成就，参观人数达 6 万多人次。

1984 年 12 月，中国商用飞机有限责任公司、中国航空发动机集团有限公司、中国航空学会、北京华进有限公司联合举办首次"北京国际航空展"，之后每两年举办一届，成为中国目前历史最悠久的航空展。

1985 年 3 月 28 日，航空工业出版社成立，其出版物中科普读物占有重要比例，对航空科学技术和教育事业的发展作出重要贡献。

1985 年 5 月 18 日，中国航空学会科学普及与教育工作委员会举办"中国航空图片巡回展览"，在西安市举行首展。

1985 年 6 月 26 日，中国航空学会科普与教育工作委员会、秦皇岛市人民政府国际工业办公室、秦皇岛市科委联合举办的"新中国航空图片展览"在秦皇岛市开展。

1985 年夏，国务院、中央军委做出决定，把"军转民"正式列入国家发展战略。

1985 年 7 月，中国航空学会在江西九江航空运动学校举办首届大学生飞行夏令营。

1985年12月，在国防科工委、航空航天工业部、航空院校和有关单位的大力支持下，《中国大百科全书·航空航天》正式出版。数百名著名专家、教授、高级工程技术人员参与撰写条目。

1986年4月，中国航空学会科普教育工作委员会与中国航空运动协会、航空知识杂志社、中国教育学会美术教育研究会联合组织"国际少年儿童航空绘画比赛"国内评选，然后报国际航空联合会（FAI）参加国际评选，以后每年举办一次。

1986年5月24日—6月24日，由中国航空学会、九三学社、北京航空学院共同发起，中国科协、空军、海军、中国民航局、航空工业部、中国空间技术研究院、中国儿童少年活动中心等19个部门和单位联合举办的"航空航天飞行器实体及模型展览"在北京航空馆开展。

1986年6月26日—8月27日，在国家体委各单位的协助下，中国航空学会在山东聊城航空运动学校组织大学生飞行夏令营。全国6所航空院校选送30名品学兼优、身体健康的大学专科生、本科生和研究生参加该活动。

1986年7月，中国航空工业创建35周年之际，中国航空学会和《中国青年报》《航空时报》《航空知识》联合举办首届全国青年航空知识竞赛。

1986年8月18日，"中国航空模型普及指导委员会"正式成立，负责全国航空模型运动的组织、协调、推广与发展，委员会隶属中国航空运动协会。

1986年10月25日，中国航空学会北京航空馆举行开馆仪式并正式向社会开放。

1987年6月11日，中国航空工业首次以实物飞机参加第37届法国巴黎国际航空航天展览，共展出19种飞机。

1987年6月18日，中国第一个热气球协会在湖北襄樊（现改称襄阳）成立。1988年10月1日和7日，安阳国际热气球俱乐部和中国航空运动协会气球委员会在河南安阳先后成立。

1987年6月，姜长英撰写的《中国航空史》由西北工业大学出版社正式出版。

1987 年 10 月 5 日，中国航空学会西安航空馆在西北工业大学校园内建成开放。

1987 年 10 月 7 日，陕西航空联谊会成立。中国航空学会季文美理事长被推选为第一任会长。

1988 年 1 月 27 日，上海市航空学会成立。1988 年 4 月 29 日，广东省航空学会成立。1988 年 5 月 23 日，广西航空学会（后改为广西航空航天学会）成立。

1988 年 4 月 15—25 日，在中国科协科学技术普及部的支持下，北京航空馆与洛阳青少年儿童活动中心在河南洛阳联合举办"世界航空发展史飞机实物模型展览"。

1988 年 7 月 18 日，中国航空学会与北京航空学会联合举办为时一周的青少年航空航天夏令营。活动内容包括航空航天知识讲座、科普电影及声像、航空航天馆参观、跳伞、航模制作与比赛、航空航天知识竞赛。

1988 年 12 月，《当代中国的航空工业》出版。

1989 年 3 月底，航空航天工业部成立航空工业普通基础教育协会（简称"航空普教协会"），为航空普教系统各地区、各单位之间搭建了一个沟通信息、交流经验、加强联系并进行学术交流的平台。

1989 年 5 月 28 日—6 月 2 日，中国航空学会与北京航空馆、怀柔县（现为怀柔区）科学技术协会、北京航空学会联合举办"世界飞机模型展览"。

1989 年 7 月，上海市航空学会首次举办以革命传统教育和航空科普教育相结合为特色的青少年航空夏令营活动。

1989 年 8 月 1 日，全国青少年航空航天夏令营（江苏营）在南京航空学院开营，来自全国各省市的 273 名营员参加开营仪式。

1989 年 10 月 22 日，浙江省航空学会成立。

1989 年 11 月 11 日，人民空军成立 40 周年之际，中国航空博物馆正式向社会开放。

1989 年 12 月 1—20 日，中国航空学会科普工作委员会与国家体委一司在南宁市广西壮族自治区航空运动学校举行包括 18 个省、自治区、直辖市的 60

个单位共计 65 名学员参加的航模训练班。

1990 年 5 月 10 日，由航空航天工业部、空军、共青团中央共同发起，由中国航空学会和中国青年出版社共同承办的全国青少年航模制作竞赛评选出获奖选手 35 名，分别获得一等奖、二等奖、三等奖。

1990 年 7 月 18 日，中国航空学会与中国宇航学会、北京航空航天学会、北京宇航学会联合举办的 1990 年北京青少年航空航天夏令营开营。夏令营安排航空航天知识讲座、科普报告，组织参观航空博物馆和宇航员训练中心，观看精彩的航模表演。

1990 年 8 月 8—12 日，上海市航空学会、广西航空航天学会在桂林首次联合举办青少年航空夏令营，100 多名来自上海、广西的青少年参加此次活动。

1990 年 12 月，中国航空学会成立科技声像协会，由科普工作委员会领导。正值航空工业开创 40 周年之际，航空科技声像协会与中央电视台专题部合作制作播映了一批航空科普录像片。

1991 年 4 月 17—24 日，为庆祝航空工业创建 40 周年，中国航空学会与北京航空航天大学、中央电视台合作摄制的航空科普片"碧空添新翼"和"蓝天话雄鹰"在中央电视台播出，再现中国航空工业 40 年来的艰苦奋斗历程和取得的辉煌成就，产生巨大的社会影响。

1991 年 6 月 29 日，为庆祝新中国航空工业创建 40 周年，中国航空学会与中国航空航天报社、航空工业出版社共同主办全国青年第二届航空知识竞赛授奖大会。

1991 年 7 月 13 日—8 月 2 日，北京航空航天学会、北京航空航天大学、北京航空运动协会在北京联合举办大学生飞行夏令营。

1991 年 7 月，航空科技声像协会举办第一届"蓝天奖"评奖会，65 部参赛作品中有 14 部分获一等奖、二等奖、三等奖。该评奖会连续举办三届，对促进航空科技声像创作水平的提高起到十分重要的作用。

1991 年 10 月，《中国航空文摘》英文版创刊。1999 年 3 月，中国航空信息中心响应国家"科教兴国"号召，把杂志更名为《航空世界》，每月出版一期。

1991年10月起，由国家体委、国家教委、中国科协、团中央、全国妇联共同主办"飞向北京"全国青少年航模竞赛。从1999年起改名为"飞向北京 飞向太空"全国青少年航空航天模型比赛，成为一项吸引各地中小学生踊跃参与的、以竞赛方式进行的航空科普教育活动。

1992年3月31日，中国航空学会航空航天科普作家研究会在北京成立，中国航空学会科普工作委员会副主任、《航空知识》杂志社社长谢础任会长。

1992年7月13—22日，中国航空学会与北京市崇文区教育局、北京市第一七八中学共同创建的"少年航空教育实验班"在保定航空运动学校举办滑翔夏令营，37名学生共进行了7个飞行日573次起落的滑翔体验。

1992年7月15日，1992年中国嘉峪关国际滑翔节在嘉峪关开幕。自1987年以来，嘉峪关举办过多次国际滑翔比赛，接待来自澳大利亚、德国、法国、捷克斯洛伐克等国的许多滑翔运动爱好者。而这次滑翔节是当时我国举办的规模最大、项目最全的一次航空运动盛会。

1992年暑期，全国各省市航空学会分别举办形式各异的航空夏令营，参加人数近3000人。航空学会的这项传统科普活动的规模不断扩大、形式不断创新、内容丰富多彩，深受广大青少年的欢迎和社会各界的重视。

1992年9月21—25日，中国航空学会主办的第18届国际航空科学大会在北京举行。大会期间，航空航天工业部举办"中国航空科技展览"。

1992年9月24—27日，北京昌平举行"日立杯"北京国际热气球邀请赛。

1992年，南京航空航天大学把原来为航空教育服务的航空陈列馆改建为对中小学生和广大市民开放的科技类博物馆，这就是南京航空航天博物馆，当年参观人数就达到1.5万人次。

1993年3月22日，中国航空工业总公司组建，拉开了中国航空工业向企业化运作转变的序幕。

1993年6月，国家体委决定对航模运动等项目实行学会制管理，撤销国家体委一司模型无线电处和国家体委无线电运动学校的建制，组建国家体委模型无线电运动管理中心，标志着航空模型运动开辟了一条艰巨的历史性进程，进入一个新的发展时期。

1993 年 9 月 28 日—10 月 10 日，中国航空学会与 14 个有关单位联合在上海举办"93 国际航空模型博览会及航模研讨会"。来自国内外 400 架飞机模型和轻型飞机参展，有 3 万多人参观，并到工厂、农村表演。

1993 年 10 月 25 日，中国民用飞机开发公司在北京举办"1993 北京民用飞机展"。

1994 年 3 月 29 日，民航工程学院在西安成立，属西北工业大学二级学院，学制 4 年。同年 5 月 18 日，南京航空航天大学民航学院举行揭牌仪式。

1994 年 5 月 17 日，中国航空作家协会在常州兰翔机械总厂（现为常州兰翔机械有限公司）正式成立。协会是中国作家协会的行业分会，是航空工业系统作家自愿结合的群众性专业团体。

1994 年 12 月 23 日—1995 年 2 月 28 日，中国航空学会和广州市人民政府在广州天河体育中心联合主办广州航空博览会。李鹏总理为博览会题写会名。该博览会历时 69 天，参观人数近 40 万人次，是一次社会效益高、教育意义大、展品齐全、影响广泛的科技文化博览盛会，其规模之大、内容之丰富、形式之多样在我国当时尚属首次。

1995 年 3 月 21 日，河南省航空学会成立。

1995 年 5 月 31 日，中国航空学会第五届常务理事会第三次扩大会议传达刚刚闭幕的全国科学技术大会精神。1995 年 10 月 17 日，中国航空工业总公司科学技术大会在北京召开。会议动员全行业树立"科教兴业"的战略指导思想，加快科技与经济的密切结合，加速航空工业的经济发展从粗放型向集约型转变，真正转到依靠科技进步和提高劳动者素质的轨道上来。

1995 年 6 月起，中国航空学会聘任科普与继续教育工作委员会。

1995 年 10 月 31 日，中国航空学会与中国科协科普部联合主办的"航空知识展览"全国巡展的开幕活动在广西南宁举行。本次展览的主题是"航空科技"。在南宁首展后，1996 年又陆续在成都、深圳、杭州、沈阳、呼和浩特等城市巡回展览，最后展品送至沈阳飞机制造集团公司用于建设"航空科普基地"。

1995年11月2日，北京航空馆荣获第七届"国际科学与和平周"特别奖。

1996年5月17—24日，中国航空学会在江西井冈山召开中国航空学会科普工作会议，会议对科普工作积极分子进行表彰。

1996年5月，为贯彻全国科普工作会议精神，中国航空工业第一集团公司召开"航空科普工作经验交流会，"会议表彰先进工作者，邀请专家作科普报告，探讨今后工作的模式，推动航空科技普及工作。

1996年11月5—10日，广东省人民政府、工业和信息化部、中国国际贸易促进委员会等多家单位在珠海市联合举办首届中国国际航空航天博览会（珠海航展）。这是中国第一次举办的带飞行表演并展出飞机实物的国际性大型航展。

1996年年底，以季文美为首的130位著名航空航天专家、学者联名向国务院副总理李岚清提交《关于建议开展早期航空航天教育的报告》。李岚清副总理批转国家教委。

1996年，湖南省教委批准张家界侨辉少年航空学校正式成立，该校是国内第一所少年航空学校，由私人投资创办。1999年7月，中国航空学会与湖南省张家界市人民政府经友好协商，签订共建侨辉少年航校的协议书，旨在中学阶段实施早期航空教育，为航空部门选飞育飞打好基础。

1997年2月，由中国航空学会酝酿策划，经由海军指挥学院通过总参军事教育规划小组上报的课题"早期航空航天国防教育实施工程研究"获得批准，并被列为全国教育科学"九五"规划军队重点（国务院部委级重点）课题，2002年完成并通过鉴定。此研究在国内尚属首次，填补了中国航空航天人才早期教育的空白。

1997年8月，应香港飞行会的要求，中国航空学会组织香港青少年在北京举办"97香港回归北京航空夏令营"。

1997年，为庆祝建军70周年，中国航空学会和中央电视台等共同举办"1997国防（航空）夏令营"。

1997年9月，由中国航空工业总公司政治部编写，记述中国航空界14位中国科学院院士、中国工程院院士业绩的《航空院士风采》一书由西北工业大学出版社出版。

1997 年 10 月，中国航空学会联合珠海国际航空有限公司等十余家单位共同组织"'97 飞向北京"大型科普飞行活动。此次活动得到空军、海军、中国民航局、中国航空工业总公司、国家体委等有关部门的大力支持，推动航空航天早期教育，提高公众，特别是青少年的航空意识和热情。

1997 年 11 月，中国航空学会与中央电视台第七频道《科技之光》栏目合作拍摄"早期航空教育"专题片，先后推出《让幼鹰早日飞翔》等 8 集专题片。

1998 年 7 月 28 日，中国航空学会举办"98 北京国防（航空）夏令营"，在中国科技馆举行开营仪式。

1998 年 11 月 15—18 日，中国航空学会、中国宇航学会和珠海国际航展公司在深圳联合召开"全国首届航空航天科普教育研讨会"，来自国内外代表120 人出席会议。

1999 年 6 月，中国航空学会组织制作的《上天之路》录像片荣获国家新闻出版署与中国科协第六届全国优秀科技音像制品三等奖。

1999 年 6 月 18 日，中国航空学会与广州市天翔航空有限公司共同举办的"中国航空九十年巡回展览"在广州举行开幕式。除在广州展出外，还到佛山、杭州、绍兴、合肥、武汉、郑州、石家庄、沈阳、西安、北京等地巡回展出。

1999 年 12 月 14—15 日，由中宣部、科技部、中国科协联合召开的全国科普工作会议上，中国航空学会荣获"全国科普工作先进集体"称号，中国航空学会推荐的北京航空馆、上海航宇科普中心被批准为首批全国科普教育基地。

2000 年 8 月，中国航空学会网站建立并向外界开放。

2000 年 10 月，由中国航空学会策划的被列入"九五"国家重点音像出版规划的航空科普系列片《共舞蓝天》《空中战神》《天际繁花》三部完成制作，并出版发行。

2001 年 5 月 14 日，由科技部、中宣部、中国科协联合举办的首届"科技活动周"在北京中山公园举行开幕仪式。中国航空学会为此次活动制作精美展板，介绍学会的性质及开展的主要工作，并安排国产军用飞机集锦、民用飞机集萃及世界飞机掠影等图片展示。此后每年的科技活动周上，中国航空学会都会积极组织各种形式的航空科普活动。从 2008 年开始，中国航空学会在科技周期间组织航空科技周，联合省市航空学会及当地航空单位，充分发挥各地资源优势，使活动开展得有声有色。

2001 年 7 月，中国航空学会与北京航空运动协会共同为来自上海、四川和贵州的 200 余名中小学生在北京举办两期航空夏令营。

2001 年 7 月 14—21 日，为庆祝中国航空工业创建 50 周年，中国航空学会与中国科技馆、广州天翔航空科技发展中心联合主办"迈向 21 世纪的中国航空"展览。

2002 年 7 月 29 日—8 月 8 日，中国航空学会科教部与江苏省航空航天学会共同为来自江苏南京、盐城、镇江、无锡、常州、泰州，安徽合肥，山东烟台、青岛的 170 多名中小学生和老师在北京组织两期夏令营活动。

2002 年 9 月，在中国科协领导下，由中国航空学会组织编纂的《中国科学技术专家传略（工程技术编航空卷 2）》出版。该书由中国航空学会副理事长、著名飞机设计师顾诵芬院士任主编，收录 61 位航空科技界著名的专家、学者的生平记录。

2002 年 10 月，《世界百年航空航天成就展》先后在江苏省昆山市、张家港市、苏州市举办。

2002 年 12 月，《航空知识》荣获第三届中国科协全国优秀科技期刊一等奖。中国航空学会制作的"航空小百科"光盘版软件"蓝天梦"制作完成。

2002 年 12 月 1—2 日，中国航空学会在北京召开 2002 年通用航空及早期飞行教育研讨会。

2002 年，上海航宇科普中心开始组织第一届上海"航宇杯"静态比例模型比赛，以后每年举办一届，参赛作品包括传统的军事模型和新颖的情景、动漫模型。

2003 年，为纪念人类第一架有动力飞机诞生一百周年，普及航空科技知识，激发航空爱好者的想象力和创造力，中国航空学会联合社会力量举办未来飞行器设计大赛。比赛取得巨大成功，社会反响强烈。2006年正式启动第二届"创新杯"全国未来飞行器设计大赛。大赛影响力持续扩大，已成为中国航空学会航空科普工作的一项重要品牌活动。

2003年7—8月，中国航空学会与北京市怀柔区政府联合举办"跟我飞翔——雁栖湖航空飞行节"，主要内容有超轻型飞机、水上飞机、动力三角翼的体验飞行、观光游览、体验乘坐热气球升空、航模销售、制作、航空科普等，表演内容有热气球高空蹦极及航模。

2003年8月6日，航空百年活动组委会在北京举办"哈飞杯"航空百年知识大奖赛新闻发布会，大奖赛拉开序幕。这项比赛是纪念航空百年活动中历时最长，参加人数最多（据统计全国有12万人参加）、影响最大的活动。

2003年9月12日，航空百年活动组委会在北京航空博物馆举办"飞翔的文明"航空百年回顾展开幕式，展期为3个月。

2003年12月13—17日，航空百年活动之一的"霹雳百名航空少年"评选授勋活动在北京举行。这百名航空少年是从全国29个省、自治区、直辖市和香港特别行政区的青少年中精心选拔出来的。

2004年，中国航空学会先后在广州民航职业技术学院、武汉睿升学校挂牌成立早期航空航天教育基地。

2004年，中国航空学会在北京树人学校建立航空特色高中。

2005年7月起，中国航空学会聘任科普工作委员会。

2005年9月3日，为纪念抗日战争胜利60周年，中国航空学会与广东省航空学会共同主办题为"奋战长空"的大型航空图片展和模拟飞机空战表演，以大量图片和文字向青少年展示这段历史。

2006年3月，中国民航科普基金会成立，为全国性公募基金会。

2006年9月20—22日，中国航空学会在北京举办首届"尖兵之翼——2006中国无人机大会"，大会包含高层论坛、学术交流、产品与技术展览展示等内容。

2006年11月3日，2006年"圆明新园"杯中国第三届高台人力飞行大会在珠海举行。飞行大会每两年举办一届，是珠海航展系列活动之一，中央电视台新闻频道、珠海电视台对本届大赛进行现场直播，让亿万观众在观看比赛的同时也分享飞行的乐趣。

2006年12月26日，中国航空学会航空科普教育基地潮安县青少年航空航天科技博览馆在广东潮安落成并正式开放，填补了粤东地区"航空航天"科普教育的空白。

2007年12月，广东省发改委批准创设珠海航空产业园。

2008年4月30日—7月26日，为迎接北京奥运会并普及民航乘机知识，中国航空学会与中国航空运输协会联合举办"全国旅客乘机知识大赛"。

2008年9月28日，西安阎良航空科技馆开馆。

2008年11月6日，经国务院批准，中航工业集团正式宣告成立，这是中国航空工业有史以来最大的一次战略性整合和专业化重组。

2008年11月26日，《航空知识》创刊50周年招待会在北京召开。会上，中国航空学会向《航空知识》颁发了最佳杰出贡献奖，以表彰《航空知识》50年来在航空科普事业上作出的重要贡献。

2009年2月6日，中国航空学会七届三次科普工作委员会召开，杨伟、张维、孙达、孙建红、黄俊等同志获颁"2008年科普贡献奖"。

2009年3月3日，波音公司、北京学生活动管理中心和北京青少年发展基金会共同主办，中航传媒承办的"放飞梦想——波音航空科普教育系列活动"在北京市正式启动。"放飞梦想"系列活动是波音公司"企业公民在行动"的重要项目之一，也是波音企业公民社会责任所倡导的"终身学习"理念在小学阶段的重要体现。

2009年11月1日，中国航空百年展在中国航空博物馆举行。

2009年12月18日，中国民航科普基金会发起的"普及航空行业知识，倡导社会公益文明"航空公益科普教育系列主题体验活动在北京昌平开幕。

2010年5月1日—10月31日，由中航工业集团和中国东方航空集团公司承办的上海世博会中国航空馆开放并成为热门场馆，共接待观众181万余人次。

2010年5月8日，全国航空特色学校——都江堰市航空学校在都江堰市举办"心系灾区　重建校园"航空科普系列活动。

2010 年 7 月 28—30 日，由中国航空学会作为支持单位的"2010 年国际青少年航空教育友好交流会"在广东召开。

2010 年 8 月 11 日，中国航空学会八届理事会科普工作委员会第一次工作会议在北京召开，刘德生、俞敏、朱骅三位同志获颁"2009 年航空科普贡献奖"。

2010 年 10 月 12—14 日，中国航空学会在上海召开航空科普工作研讨会，共有来自省市航空学会、航空企事业单位、科普基地、科普期刊、航空特色学校等单位 80 余位代表参加会议。

2011 年 1 月 18 日，中航传媒在北京成立，公司由航空工业出版社、《国际航空》杂志社、北京航宇音像出版社（航空工业声像中心）转企改制、重组整合而成。

2011 年 3 月 10 日，在新中国航空工业 60 周年即将到来之际，中国航空工业史编修办公室第一批正式成果《歼-10 飞机研制史》等 7 本书完成定稿。

2011 年 4 月 29 日，由国家体育总局、空军装备部、中航工业集团联合主办，中国航空运动协会、中国航空博物馆联合承办的中国航空模型展馆正式开展。

2011 年 7 月 29 日，广东从化市人民政府等单位联合主办，中国航空学会作为支持单位的"2011 国际青少年航空教育交流会暨广东从化绿道旅游文化节"在广州从化良口镇召开，学会组织来自航空院校的 16 名大学生参加该活动。

2011 年 8 月 13 日，"绿色航空知识元"科普素材开发项目审读会议在北京召开，中国航空学会副理事长、中国民航局科技委主任杨国庆，科普工作委员会副主任、北京航空航天大学教授武哲等专家参加会议。

2011 年 9 月，由中国科学技术协会、中国宋庆龄基金会、共青团中央共同指导，中航工业集团、中国航空学会联合主办，中航文化股份有限公司和中国航空博物馆承办首届"航空工业杯——国际无人飞行器创新大奖赛（International UAV Innovation Grand Prix）"。大奖赛每两年举办一届，旨在促进航空科技创新，普及航空科技知识，提高国民航空意识，加强航空文化建设。从 2015 年起，赛事落户浙江安吉。

2011 年 10 月 24 日，为贯彻中国科协党建强会工作部署，结合学会自身特点，中国航空学会办事机构党支部组织党员、入党积极分子并邀请中国科协学会服务中心党办工作人员一行 12 人，到宁夏回族自治区吴忠市红寺堡区第一小学，举行全国航空特色学校授牌仪式暨中国航空学会党支部主题活动。之后，中国航空学会每年都会结合党建强会工作部署，在全国基层中学开展科普活动。

2012 年 3 月 30 日，中国科协召开"全国学会 2012 年度科普工作交流会"，中国航空学会获得"2011 年度科普工作优秀学会"称号。

2012 年 4 月 15 日，中国航空学会与四川省科协联合主办、中航瑞赛成都置业公司承办的中航·国际交流中心航空文化日活动在成都举行，活动在成都地区掀起航空文化的高潮。

2012 年 9 月 29 日，中国航空学会科普部在山东莱芜举办科技教师航空科普培训，60 余位科技教师参加此次培训。

2013 年 1 月 9 日，中国航空学会八届理事会科普工作委员会召开第二次工作会议，王英勋、宋晓冬、崔振进、张汝瑛 4 位专家获颁"2012 年科普贡献奖"。

2013 年 1 月 24 日，在中国航空学会指导下，广东省航空学会在珠海承办青少年航空冬令营，组织青少年参观珠海的中航通用飞机有限责任公司。

2013 年 3 月 27—28 日，中国航空学会青少年航空科普教育工作研讨会在贵阳召开，来自专业分会、地方航空学会、全国航空特色学校、航空科普教育定点单位及基地、有关航空科普单位的 63 名代表参会。

2013 年 4 月 2—3 日，中国航空学会与广东省航空学会、广东省科协青少年科技中心联合举办的青少年模拟飞行教师培训班在广州市举办，来自广州、深圳、珠海、东莞、江门等地区的 23 名科技教师参加此次培训。

2013 年 5 月 18 日，作为航空科技周的主要活动之一，由中国航空学会指导的 2013 年全国航空模型公开赛（南京站）暨南京航空航天大学"飞豹杯"第五届航模节在南京航空航天大学明故宫校区体育馆举行。来自 30 余所大学、中学、小学的老师和热爱航模科技创新活动的运动员共 300 余人参加比赛。

2013 年 6 月 1 日，中国航空学会与北京航空运动协会、精功（北京）通用航空有限责任公司联合主办的"北京青少年飞行体验活动"在北京八达岭机场举行，共有 30 名北京中小学生参加此次活动。

2013 年 6 月 2 日，中国航空学会科普部在中国航空科普教育基地（广州民航学院）举办第 6 届"蓝天共飞翔"航模科技交流会及青少年科教工作座谈会。

2013 年 7 月 24 日，由中国科协科学技术普及部、调研宣传部主办，中国航空学会、《航空知识》杂志社等单位在北京联合举办"第 30 期科学家与媒体面对面活动"，主题为"航空安全大家谈"。活动邀请民航专家分别就飞机设计制造的安全性及民航安全性等问题，同前来参加活动的 30 余家媒体进行深入的交流和互动。

2013 年 10 月 26—27 日，中国航空学会和北京市航空运动协会在北京联合举办"蓝天飞梦——2013 全国青少年模拟飞行比赛"，来自全国约 10 个省（自治区、直辖市）近 30 所中小学的 200 余名青少年参加本次比赛。接下来每年都会举办大型青少年模拟飞行比赛活动。

2013 年 10 月 29 日，"上飞"微信公众平台正式开通，并于 2014 年 1 月 16 日完成微信实名认证，认证名称为"上海飞机制造有限公司"。

2014 年 2 月 27 日，在北京召开的中国航空学会八届理事会科普工作委员会第三次工作会议上，批准成立"中国航空学会科普工作委员会模拟飞行推广委员会"，简称为"中国航空学会模拟飞行推广委员会"。

2014 年 6 月 29 日—7 月 1 日，中国航空学会在北京成功召开首届中国航空科普教育大会。

2014 年 8 月 20 日，中航工业集团在北京宣布，正式启动大型综合航空主题乐园"航空大世界"项目，标志着全球首个航空特色大型综合主题乐园拉开建设的序幕。

2015 年 7 月 15—17 日，2015 青少年高校科学营航空科技专题营在沈阳举办，100 名来自辽宁、河南、安徽、云南、江苏、内蒙古等省、自治区、直辖市前来参观学习的学生参加了在沈阳航空发动机研究所、沈阳航空航天大学、中航工业沈阳飞机工业（集团）公司举办的各种活动。

2015 年 9 月至 10 月 25 日，由中国科协科学技术普及部资助，中国航空学会指导，中国航空学会动力分会主办，浙江省航空航天学会、杭州市大关中学附属小学、杭州市拱墅区科协、中航汇盈（北京）展览有限公司协办，以飞梦网和航空中国网为网络平台举办了 2015 年"中国心·中国行——全国航空动力科普知识网络竞赛"活动。

2016 年 1 月，珠海航空运动协会、珠海市文化产业协会、珠海市体育产业协会联合主办为期 3 天的航空文化嘉年华。航空文化嘉年华活动促进了珠海航空产业和航空文化旅游的发展，使航空文化传播得更广泛，航空知识内容更亲民。

2016 年 10 月 25 日，北京市飞行者航空科普促进中心（简称"航普中心"）正式创办。

2017 年 3 月中旬至 5 月底，中国航空学会联合中国人民解放军空军在全国范围内举办"追梦起航——全国航空科普文化季"活动。

2017 年 10 月 2—4 日，"歌尔杯"2017 荣成全国航空嘉年华暨山东省第七届全民健身运动会航空航天模型比赛在山东荣成举办，来自全国各地的 500 余名选手报名参加。活动旨在展现航空飞行魅力，推动无人机应用发展，普及航空科技知识和提高国民航空意识。

2018 年 6 月 13 日，由中国民航科普基金会主办、中国民航报社承办的民航首届科教创新成果展在北京展览馆举办，参展单位达 90 家。这是民航系统举办的首次大规模科教创新展览。

2018 年 7 月 21—22 日，"一九七八年全国青少年航空夏令营四十周年纪念活动"在北京举办。

2018 年 12 月 26 日，湖南首家航空馆在长沙航空职业技术学院（简称"长沙航院"）正式对外开放。

2019 年 7 月，为积极落实教育部《关于推进中小学生研学旅行的意见》

相关要求，创新航空科普教育领域人才培养模式，帮助青少年拓展国际视野，激发航空兴趣，中国航空学会作为指导单位的 2019 "蒲公英"航空探索研学营（北京营）开营。该活动以"庆祝中国人民解放军空军成立 70 周年以及中国航空 110 周年"为主题，来自全国各省、自治区、直辖市的 33 名青少年营员参加了此次活动。

2019 年 9 月，建德航空小镇被正式命名为第三批浙江省省级特色小镇。

2020 年 6 月 15 日，中国航空学会党委联合有关单位在广西举办 2020 年广西国防科普知识进校园、领导干部国防形势报告会、广西"三航"（航空、航天、航海）暨重点领域产业融合创新发展论坛专家咨询会系列活动。

2020 年 9 月 19 日，中国航空学会与都江堰市人民政府、成都产业集团签署战略合作协议，三方共同助推都江堰市航空科博城项目建设。

2020 年 9 月 21 日，扬州航空馆在扬州市生态科技新城的科技创新中心正式开馆。